AF592493

S7583
HAÜY.
TRAITÉ DE MINÉRALOGIE.
2e ÉDITION.
ATLAS.
HAÜY.
TRAITÉ DE MINÉRALOGIE.
2e ÉDITION.
ATLAS. 4
S

TRAITÉ
DE MINÉRALOGIE,

Par M. l'Abbé HAÜY.

DISTRIBUTION MÉTHODIQUE DES MINÉRAUX, NOMENCLATURE DES CRISTAUX, TABLEAUX DES MESURES D'ANGLES, FIGURES GÉOMÉTRIQUES.

SECONDE ÉDITION.

PARIS,
BACHELIER, LIBRAIRE, SUCCESSEUR DE Mme Ve COURCIER, QUAI DES AUGUSTINS, N° 55.
1823.

DISTRIBUTION MÉTHODIQUE
DES MINÉRAUX,
PAR CLASSES, ORDRES, GENRES ET ESPÈCES.

PREMIÈRE CLASSE.

ACIDES LIBRES.

Première espèce.

Acide sulfurique.

Seconde espèce.

Acide boracique.

SECONDE CLASSE.

Substances métalliques hétéropsides.

PREMIER GENRE.

CHAUX.

Première espèce.

Chaux carbonatée.

Seconde espèce.

Arragonite.

Troisième espèce.

Chaux phosphatée.

Quatrième espèce.

Chaux fluatée.

Cinquième espèce.

Chaux sulfatée.

Sixième espèce.

Chaux anhydro-sulfatée.

Septième espèce.

Chaux nitratée.

Huitième espèce.

Chaux arseniatée.

Neuvième espèce.

Chaux boratée siliceuse.

SECOND GENRE.

BARYTE.

Première espèce.

Baryte sulfatée.

Seconde espèce.

Baryte carbonatée.

TROISIÈME GENRE.

STRONTIANE.

Première espèce.

Strontiane sulfatée.

Seconde espèce.

Strontiane carbonatée.

QUATRIÈME GENRE.

MAGNÉSIE.

Première espèce.

Magnésie sulfatée.

Seconde espèce.

Magnésie boratée.

Troisième espèce.

Magnésie carbonatée.

Quatrième espèce.

Magnésie hydratée.

CINQUIÈME GENRE.

ALUMINE.

* *Libre.*

Première espèce.

Corindon.

** *Combinée.*

Seconde espèce.

Alumine sulfatée.

Troisième espèce.

Alumine sous-sulfatée.

Quatrième espèce.

Alumine sous-sulfatée alkaline.

Cinquième espèce.

Alumine fluatée siliceuse.

Sixième espèce.

Alumine fluatée alkaline.

Septième espèce.

Alumine hydro-phosphatée.

Huitième espèce.

Alumine hydratée.

Neuvième espèce.

Alumine magnésiée.

SIXIÈME GENRE.

POTASSE.

Première espèce.

Potasse nitratée.

Seconde espèce.

Potasse sulfatée.

SEPTIÈME GENRE.

SOUDE.

Première espèce.

Soude sulfatée.

Seconde espèce.

Soude muriatée.

Troisième espèce.

Soude boratée.

Quatrième espèce.

Soude carbonatée.

Cinquième espèce.

Soude nitratée.

Sixième espèce.

Glaubérite.

HUITIÈME GENRE.

AMMONIAQUE.

Première espèce.

Ammoniaque sulfatée.

Seconde espèce.

Ammoniaque muriatée.

APPENDICE A LA SECONDE CLASSE.

Le principe caractéristique dépendant de la silice est jusqu'ici indéterminé.

ORDRE UNIQUE.

SILICE.

* *Libre.*

Quarz.

** *En combinaison.*

A. BINAIRE.

† Avec la zircone.

Espèce unique.

Zircon.

† Avec l'alumine.

Première espèce.

Cymophane.

Seconde espèce.

Grenat.

Troisième espèce.

Helvin.

Quatrième espèce.

Haüyne.

Cinquième espèce.

Staurotide.

Sixième espèce.

Néphéline.

Septième espèce.

Pinite.

Huitième espèce.

Disthène.

Neuvième espèce.

Macle.

† Avec la chaux.

Première espèce.

Amphibole.

Seconde espèce.

Pyroxène.

Troisième espèce.

Wollastonite.

† Avec l'yttria.

Espèce unique.

Gadolinite.

† Avec la magnésie.

Première espèce.

Hypersthène.

Seconde espèce.

Diallage.

Troisième espèce.

Péridot.

Quatrième espèce.

Condrodite.

Cinquième espèce.

Asbeste.

Sixième espèce.

Talc.

B. TERNAIRE.

† Avec l'alumine et la glucine.

Première espèce.

Émeraude.

Seconde espèce.

Euclase.

† Avec l'alumine et la chaux.

Première espèce.

Aplome.

Seconde espèce.

Essonite.

Troisième espèce.

Idocrase.

Quatrième espèce.

Gehlénite.

Cinquième espèce.

Axinite.

Sixième espèce.

Epidote.

Septième espèce.

Wernérite.

Huitième espèce.

Paranthine.

Neuvième espèce.

Dipyre.

Dixième espèce.

Anthophyllite.

Onzième espèce.

Prehnite.

† Avec l'alumine et la magnésie.

Espèce unique.

Cordiérite.

† Avec l'alumine et la soude.

Première espèce.

Tourmaline.

Seconde espèce.

Lazulite.

Troisième espèce.

Sodalite.

† Avec l'alumine et la potasse.

Première espèce.

Amphigène.

Seconde espèce.

Méionite.

Troisième espèce.

Feldspath.

Quatrième espèce.

Mica.

† Avec l'alumine et le lithion.

Première espèce.

Triphane.

Seconde espèce.

Pétalite.

† Avec l'alumine et l'eau.

Espèce unique.

Triclasite.

C. QUATERNAIRE.

† Avec l'alumine, la baryte et l'eau.

Espèce unique.

Harmotome.

† Avec l'alumine, la chaux et l'eau.

Première espèce.

Laumonite.

Seconde espèce.

Stilbite.

Troisième espèce.

Chabasie.

† Avec l'alumine, la soude et l'eau.

Première espèce.

Analcime.

Seconde espèce.

Mésotype.

† Avec la chaux, la potasse et l'eau.

Espèce unique.

Apophyllite.

TROISIÈME CLASSE.

Substances métalliques autopsides.

PREMIER ORDRE.

Non oxidables immédiatement, si ce n'est à un feu très violent, et réductibles immédiatement.

PREMIER GENRE.

PLATINE.

Espèce unique.

Platine natif ferrifère.

SECOND GENRE.

IRIDIUM.

Espèce unique.

Iridium osmié.

TROISIÈME GENRE.

OR.

Espèce unique.

Or natif.

QUATRIÈME GENRE.

ARGENT.

Première espèce.

Argent natif.

Seconde espèce.

Argent antimonial.

Troisième espèce.

Argent sulfuré.

Quatrième espèce.

Argent antimonié sulfuré.

Cinquième espèce.

Argent carbonaté.

Sixième espèce.

Argent muriaté.

SECOND ORDRE.

Oxidables et réductibles immédiatement.

GENRE UNIQUE.

MERCURE.

Première espèce.

Mercure natif.

Seconde espèce.

Mercure argental.

Troisième espèce.

Mercure sulfuré.

Quatrième espèce.

Mercure muriaté.

TROISIÈME ORDRE.

Oxidables, mais non réductibles immédiatement.

* SENSIBLEMENT DUCTILES À L'ÉTAT NATIF.

PREMIER GENRE.

PLOMB.

Première espèce.

Plomb natif (volcanique).

Seconde espèce.

Plomb sulfuré.

Troisième espèce.

Plomb oxidé rouge.

Quatrième espèce.

Plomb arseniaté.

Cinquième espèce.

Plomb chromaté.

Sixième espèce.

Plomb chromé.

Septième espèce.

Plomb carbonaté.

Huitième espèce.

Plomb phosphaté.

Neuvième espèce.

Plomb molybdaté.

Dixième espèce.

Plomb sulfaté.

Onzième espèce.

Plomb hydro-alumineux.

SECOND GENRE.

NICKEL.

Première espèce.

Nickel natif.

Seconde espèce.

Nickel arsenical.

Troisième espèce.

Nickel arseniaté.

TROISIÈME GENRE.

CUIVRE.

Première espèce.

Cuivre natif.

Seconde espèce.

Cuivre pyriteux.

Troisième espèce.

Cuivre gris.

Quatrième espèce.

Cuivre sulfuré.

Cinquième espèce.

Cuivre oxidulé.

Sixième espèce.

Cuivre sélénié.

Septième espèce.

Cuivre sélénié argental.

Huitième espèce.

Cuivre hydro-siliceux.

Neuvième espèce.

Cuivre dioptase.

Dixième espèce.

Cuivre muriaté.

Onzième espèce.

Cuivre carbonaté.

Douzième espèce.

Cuivre arseniaté.

Treizième espèce.

Cuivre phosphaté.

Quatorzième espèce.

Cuivre sulfaté.

QUATRIÈME GENRE.

FER.

Première espèce.

Fer natif.

Seconde espèce.

Fer oxidulé.

Troisième espèce.

Fer oligiste.

Quatrième espèce.

Fer arsenical.

Cinquième espèce.

Fer sulfuré.

Sixième espèce.

Fer sulfuré magnétique.

Septième espèce.

Fer sulfuré blanc.

Huitième espèce.

Fer carburé.

Neuvième espèce.

Fer calcareo-siliceux.

Dixième espèce.

Fer oxidulé titané.

Onzième espèce.

Fer oxidé (hydraté?).

Douzième espèce.

Fer phosphaté.

Treizième espèce.

Fer chromaté.

Quatorzième espèce.

Fer arseniaté.

Quinzième espèce.

Fer muriaté.

Seizième espèce.

Fer oxalaté.

Dix-septième espèce.

Fer sulfaté.

CINQUIÈME GENRE.

ÉTAIN.

Première espèce.

Étain oxidé.

Seconde espèce.

Étain sulfuré.

SIXIÈME GENRE.

ZINC.

Première espèce.

Zinc oxidé.

Seconde espèce.

Zinc carbonaté.

Troisième espèce.

Zinc sulfuré.

Quatrième espèce.

Zinc sulfaté.

** NON DUCTILES.

SEPTIÈME GENRE.

BISMUTH.

Première espèce.

Bismuth natif.

Seconde espèce.

Bismuth sulfuré.

Troisième espèce.

Bismuth oxidé.

HUITIÈME GENRE.

COBALT.

Première espèce.

Cobalt arsenical.

Seconde espèce.

Cobalt gris.

Troisième espèce.

Cobalt oxidé noir.

Quatrième espèce.

Cobalt arseniaté.

NEUVIÈME GENRE.

ARSENIC.

Première espèce.

Arsenic natif.

Seconde espèce.

Arsenic oxidé.

Troisième espèce.

Arsenic sulfuré.

DIXIÈME GENRE.

MANGANÈSE.

Première espèce.

Manganèse oxidé.

Seconde espèce.

Manganèse oxidé hydraté.

Troisième espèce.

Manganèse sulfuré.

Quatrième espèce.

Manganèse carbonaté.

Cinquième espèce.

Manganèse phosphaté.

ONZIÈME GENRE.

ANTIMOINE.

Première espèce.

Antimoine natif.

Seconde espèce.

Antimoine sulfuré.

Troisième espèce.

Antimoine oxidé.

Quatrième espèce.

Antimoine oxidé sulfuré.

DOUZIÈME GENRE.

URANE.

Première espèce.

Urane oxidulé.

Seconde espèce.

Urane oxidé.

Troisième espèce.

Urane sulfaté.

TREIZIÈME GENRE.

MOLYBDÈNE.

Espèce unique.

Moybdène sulfuré.

QUATORZIÈME GENRE.

TITANE.

Première espèce.

Titane oxidé.

Seconde espèce.

Titane anatase.

Troisième espèce.

Titane calcaréo-siliceux.

QUINZIÈME GENRE.

SCHEELIN.

Première espèce.

Schéelin ferrugine.

Seconde espèce.

Schéelin calcaire.

SEIZIÈME GENRE.

TELLURE.

Première espèce.

Tellure natif.

Seconde espèce.

Tellure sélenié bismuthifère.

DIX-SEPTIÈME GENRE.

TANTALE.

Espèce unique.

Tantale oxidé.

DIX-HUITIÈME GENRE.

CÉRIUM.

Première espèce.

Cérium oxidé siliceux.

Seconde espèce.

Cérium fluaté.

QUATRIÈME CLASSE.

SUBSTANCES COMBUSTIBLES NON MÉTALLIQUES.

Première espèce.

Soufre.

Seconde espèce.

Diamant.

Troisième espèce.

Anthracite.

Quatrième espèce.

Mellite.

APPENDICE.

SUBSTANCES PHYTOGÈNES.

Première espèce.

Bitume.

Seconde espèce.

Houille.

Troisième espèce.

Jayet.

Quatrième espèce.

Succin.

APPENDICE AUX QUATRE CLASSES.

Substances dont la classification est incertaine.

Albite.
Allochroïte.
Allophane.
Amianthoïde.
Bergmannite.
Breislackite.
Eudialyte.
Feldspath apyre.
Feldspath bleu.
Fibrolite.
Gabronite.
Hedenbergite.
Jade.
Karpholite.
Killénite.
Lazulit de Werner.
Mélilite.
Pierre grasse.
Spinellane.
Spinthère.
Talc granulaire et talc glaphique.
Turquoise.

NOMENCLATURE DES CRISTAUX.

A

Accéléré. Nom d'une variété dans le signe de laquelle des exposans simples font partie d'une progression qui est complétée par les exposans relatifs à un décroissement mixte ou intermédiaire, en sorte que la progression paraît subir une accélération. Exemple : chaux carbonatée, pyroxène.

Acrogène, c'est-à-dire né d'un lieu élevé. Nom d'une variété qui dérive d'un rhomboïde par des décroissemens sur les angles et sur les bords supérieurs. Exemple : chaux carbonatée.

Acutangle. Nom d'une variété de chaux carbonatée en prisme hexaèdre, dont les angles solides sont interceptés par des facettes triangulaires très aiguës.

Additif. Nom d'une variété dans le signe de laquelle un des exposans est plus grand d'une unité que la somme des autres exposans. Exemple : corindon.

Allélogone, c'est-à-dire échange d'angles. Nom d'une variété de chaux carbonatée, qui réunit à la forme du noyau celle d'un dodécaèdre à triangles scalènes, dont chacun a son angle plan obtus égal à la plus grande incidence des faces du noyau, au lieu que dans le métastatique, c'est la plus petite incidence des triangles qui est égale à la plus grande des faces du noyau.

Ambiannulaire. Variété dans laquelle un prisme hexaèdre régulier a des facettes disposées en anneau, autour de chaque base, et produites alternativement par deux décroissemens différens. Exemple : chaux carbonatée.

Ambigu. Nom d'une variété dans laquelle les positions relatives des faces qui naissent de différentes lois de décroissement, offrent un problème à deux solutions, dont la véritable ne peut être reconnue qu'à l'aide de la division mécanique. Exemple : chaux carbonatée, pyroxène.

Amblytère, c'est-à-dire qui conserve sa partie obtuse. Nom d'une variété dans laquelle tous les bords et tous les angles subissent des décroissemens, à l'exception d'un bord situé à la rencontre de deux faces qui forment entre elles un angle obtus. Exemple : baryte sulfatée.

Amphihexaèdre. Variété dans laquelle les faces prises dans deux sens différens, l'un latéral, l'autre longitudinal, composent le contour d'un prisme hexaèdre. Exemple : épidote.

Amphimétrique, mesure située de deux manières. Nom d'une variété de chaux carbonatée composée de l'équiaxe et d'un dodécaèdre produit par un décroissement sur les bords inférieurs, dans lequel l'incidence de deux faces situées de part et d'autre de l'un des mêmes bords est égale à l'angle plan obtus de l'équiaxe.

Amphimimétique, c'est-à-dire doublement imitatif. Nom d'une variété de chaux carbonatée composée du rhomboïde primitif et de deux dodécaèdres, dont l'un a le grand angle de ses faces égal à la plus grande incidence des faces du primitif, et l'autre la plus grande incidence de ses faces double de la plus petite de celles du primitif.

Analeptique, c'est-à-dire qui recouvre ce qu'il a perdu. Nom d'une variété de chaux carbonatée dans laquelle, par une suite de l'intersection des pans du prisme hexaèdre avec les faces du rhomboïde inverse, les angles de $104^d \frac{1}{2}$, qui existent naturellement sur ces dernières, sont remplacés par d'autres angles, pour reparaître dans des parties différentes.

Analogique, dont la forme présente des analogies remarquables, soit en elle-même, soit comparativement à d'autres variétés. Exemple : chaux carbonatée.

Anamorphique, c'est-à-dire forme renversée. Nom d'une variété dont la position, qui paraît naturelle, donne lieu à un renversement dans la forme du noyau. Exemple : baryte sulfatée.

Anarmonique, non uniforme. Variété dans laquelle tous les décroissemens naissent sur les angles, excepté un qui a lieu sur les bords, ou réciproquement. Exemple : chaux carbonatée.

Anisotique, inégal. Nom d'une variété dans laquelle les décroissemens ont lieu très inégalement, de manière qu'un seul bord ou un seul angle en subit au moins trois, tandis que chacune des parties adjacentes n'en subit qu'un seul. Exemple : baryte sulfatée.

Annulaire. Variété dans laquelle un prisme hexaèdre régulier a six facettes disposées en anneau autour de chaque base, dont trois sont primitives et les trois autres résultent d'un décroissement par deux rangées en hauteur, sur les angles solides inférieurs d'un noyau rhomboïdal. Exemple : baryte carbonatée.

Antécédente. Nom d'une variété de chaux carbouatée, composée du rhomboïde équiaxe qui précède le primitif dans l'ordre des rhomboïdes obtus, et de l'inverse qui a la même priorité dans l'ordre des rhomboides aigus.

Antiédrique. Composé de deux rhomboïdes, dont chacun a ses faces tournées en sens contraire de celles de l'autre. Exemple : chaux carbonatée.

Antiennéaèdre, ayant neuf faces de deux côtés opposés. Nom d'une variété de tourmaline, dans laquelle les deux sommets sont à neuf faces et le prisme à douze pans, au lieu qu'ordinairement c'est le prisme, au contraire, qui est ennéaèdre.

Antistatique, c'est-à-dire offrant des positions qui contrastent. Nom d'une variété dans laquelle certaines facettes additionnelles ont des figures symétriques, et les autres des figures irrégulières, par une suite des différentes positions qu'elles occupent. Exemple : chaux carbonatée.

Antitique, c'est-à-dire rangs opposés. Nom d'une variété dans laquelle les facettes de divers rangs sont tournées en sens contraire les unes des autres. Exemple : chaux carbonatée.

Aphonème. Variété de chaux carbonatée dont le signe offre la plus simple des lois intermédiaires de décroissement, et les deux lois ordinaires les plus simples.

Apophane, manifeste. Nom d'une variété dans laquelle certaines facettes ou certaines arêtes offrent quelque indication utile pour reconnaître l'ordre de la structure, qui sans cela serait difficile à deviner, ou même pour déterminer, soit la direction, soit la mesure des décroissemens. Exemple : chaux carbonatée, cuivre gris.

Apotome, rapide. Ayant des faces très peu inclinées à l'axe, en sorte qu'elles paraissent descendre rapidement des sommets. Exemple : chaux carbonatée, strontiane sulfatée.

Ascendant. Nom d'une variété dans laquelle tous les décroissemens ont une marche ascendante, en partant des angles ou des bords inférieurs d'un noyau rhomboïdal. Exemple : chaux carbonatée.

Associant. Nom d'une variété dans laquelle plusieurs facettes, qui font des angles obtus avec la base du noyau, remplacent l'angle obtus de cette base, ou dans laquelle des facettes qui font des angles aigus avec la même base, remplacent son angle aigu. Exemple : baryte sulfatée.

Assorti. Nom d'une variété de corindon qui présente l'accord ou l'assortiment d'une loi de décroissement qui est une des plus simples dans son genre, avec un rapport également simple avec les dimensions du solide prises dans le sens horizontal et dans le sens vertical.

Axigraphe, c'est-à-dire descriptive des axes. Nom d'une variété de chaux carbonatée dont le signe est D, et qui a cette propriété, que la somme de l'axe du noyau et d'une des parties excédantes, est à cette dernière partie dans le rapport des deux termes de la fraction ½, qui donne l'exposant du signe.

Axinomorphique, c'est-à-dire ayant une forme remarquable. Nom d'une variété de chaux carbonatée, qui offre la réunion du noyau, du rhomboïde équiaxe et du dodécaèdre métastatique.

B

Basé. Dérivé d'une forme à sommets pyramidaux, dont chacun est remplacé par une face perpendiculaire à l'axe, faisant la fonction de base. Exemple : chaux carbonatée, plomb molybdaté.

Bibinaire. Produit en vertu de deux décroissemens, l'un et l'autre par deux rangées. Exemple : chaux carbonatée.

Bibino-annulaire. Nom d'une variété de mica en prisme hexaèdre régulier, dont la base est entourée de six facettes également inclinées, produites en vertu de deux décroissemens par deux rangées, l'un sur les bords, l'autre sur les angles de la même base.

Bibisalterne. Nom d'une variété de mercure sulfuré, en prisme hexaèdre régulier, avec six facettes obliques situées au contour de chaque base, sur deux rangs, et qui alternent par rapport aux pans, et par rapport aux facettes de l'autre sommet.

Bidoublant. Variété dont le signe est composé d'exposans qui formeraient une progression, si deux d'entre eux n'étaient doublés. Exemple : chaux carbonatée.

Bifère. Variété dans laquelle chaque angle solide et chaque bord de la forme primitive subit deux décroissemens. Exemple : cuivre gris.

Biforme. Offrant, dans l'ensemble de ses faces, la combinaison de deux formes. Exemple : baryte sulfatée.

Bigéminé. Nom d'une variété dont les faces offrent la combinaison de quatre formes qui, prises deux à deux, sont de la même espèce, comme deux rhomboïdes et deux dodécaèdres. Exemple : chaux carbonatée.

Bijugué, uni par paires. Variété dans laquelle les décroissemens naissent deux à deux sur les bords, ou sur les angles. Exemple : chaux carbonatée.

Bimétrique. Nom d'une variété dans laquelle deux décroissemens font naître des faces relatives à deux solides de dimensions très différentes, comme lorsque la forme de l'un est très surbaissée, et celle de l'autre élancée. Exemple : chaux carbonatée.

Bimixte. Nom d'une variété qui résulte de deux lois mixtes de décroissement. Exemple : chaux carbonatée.

Binaire. Produit en vertu d'un seul décroissement par deux rangées. Exemple : chaux carbonatée, baryte sulfatée.

Bino-annulaire. Variété en prisme hexaèdre régulier modifié par six facettes disposées en anneau autour de chaque base, et qui proviennent d'un décroissement par deux rangées. Exemple : chaux phosphatée.

Bino-bisunitaire. Nom d'une variété qui résulte de trois décroissemens dont l'un a lieu par deux rangées, et chacun des deux autres par une rangée. Exemple : argent antimonié sulfuré.

Bino-quadriunitaire. Nom d'une variété qui résulte de cinq décroissemens, l'un par deux rangées, et chacun des quatre autres par une rangée. Exemple : baryte sulfatée.

Binosénaire. Produit en vertu de deux décroissemens, l'un par deux rangées, l'autre par six. Exemple : chaux carbonatée.

Binoternaire. Produit en vertu de deux décroissemens, l'un par deux rangées, l'autre par trois. Exemple : chaux carbonatée, [illegible] oligiste.

Binotriunitaire. Variété qui résulte d'un décroissement par deux rangées, et de trois autres chacun par une rangée. Exemple : chaux carbonatée.

Birhomboïdal. Ayant douze faces qui, prises six à six, et prolongées jusqu'à s'entrecouper, donneraient deux rhomboïdes différens. Exemple : chaux carbonatée, fer oligiste.

Bisadditif. Nom d'une variété dans le signe de laquelle le plus fort exposant surpasse de deux unités la somme des autres exposans. Exemple : baryte sulfatée.

Bialterne. Nom d'une variété dans laquelle des faces de deux espèces ou de deux mesures d'angles, sont situées alternativement vers chaque sommet, de manière que les faces de chaque espèce alternent aussi entre elles d'un sommet à l'autre. Exemple : quarz prismé, chaux carbonatée.

Bisdécimal. Nom d'une variété en prisme à dix pans, terminé par des sommets à cinq faces. Exemple : arsenic sulfuré.

Bisoctosexvigésimal. A quarante-deux faces. Exemple : idocrase.

Bisquindécimal. Nom d'une tourmaline composée d'un prisme à neuf pans, avec un sommet à quinze faces et l'autre à six.

Bissexdécimal. Nom d'une variété en prisme à seize pans, terminé par des sommets à huit faces. Exemple : étain oxidé.

Bissoustractive. Variété dans le signe de laquelle un des exposans est moindre de deux unités que la somme des autres. Exemple : baryte sulfatée.

Bisunibinaire. Variété produite en vertu de deux décroissemens par une rangée, et de deux par deux rangées. Exemple : baryte sulfatée.

Bisunisénaire. Nom d'une variété qui résulte de deux décroissemens par une rangée, et d'un troisième par six rangées. Exemple : chaux carbonatée.

Bisunitaire. Produit en vertu de deux décroissemens par une rangée. Exemple : chaux carbonatée, strontiane sulfatée.

Bordé. Nom d'une variété de chaux fluatée, ayant pour forme un cube dont chaque bord est remplacé par deux facettes très inclinées sur les faces adjacentes, en sorte que leur assemblage semble former une bordure autour des mêmes faces.

C.

Combiné. Nom d'une variété composée de plusieurs ordres de facettes, dont les combinaisons deux à deux, ou trois à trois, déterminent des analogies ou des propriétés remarquables. Exemple : chaux carbonatée.

Complémentaire. Variété dans le signe de laquelle les termes d'un exposant fractionnaire contiennent une proportion commencée par d'autres exposans qui sont simples. Exemple : baryte sulfatée.

Complexe. Variété dont la structure est compliquée de lois peu ordinaires, comme lorsqu'elle offre des décroissemens, les uns mixtes, les autres intermédiaires. Exemple : chaux carbonatée.

Comprimé. Nom d'une sous-variété dans laquelle deux faces opposées sont rapprochées, de manière que la forme subit dans un sens un aplatissement qui altère sa symétrie. Exemple : quarz prismé. Voyez aussi *sphéroïdal*.

Confluent. Nom d'une variété prismatique d'arragonite composée de plusieurs octaèdres cunéiformes, dont les parties saillantes aux endroits des bases se réunissent en un seul corps.

Conjoint. Voyez *sphéroïdal*.

Convexe. Nom d'une variété dans laquelle diverses faces remplacent les bords d'une forme dominante, de manière qu'elles font continuité autour de celles-ci. Exemple : baryte sulfatée.

Continu. Nom d'une variété dont le signe est composé de quatre exposans en proportion continue. Exemple : chaux carbonatée.

Contourné. Nom d'une variété d'arragonite, en prisme hexaèdre, dont un des pans subit un détour, en sorte qu'une de ses moitiés forme avec l'autre un angle rentrant.

Contracté. Nom d'un dodécaèdre de chaux carbonatée, dans lequel les bases des pentagones extrêmes éprouvent une sorte de contraction, en conséquence de l'inclinaison des faces latérales.

Contrastant. Nom d'un rhomboïde très aigu de chaux carbonatée, dans lequel une inversion d'angle, semblable à celle qui a lieu dans la variété *inverse* (voyez ce mot), relativement au noyau, présente une sorte de contraste, en ce qu'elle se rapporte à un rhomboïde beaucoup plus obtus que le noyau.

Co-ordonné. Nom d'une variété dans laquelle des facettes produites par différentes lois ont entre elles une sorte de corrélation, en s'élevant les unes au-dessus des autres, de manière que les arêtes qui les séparent sont parallèles. Exemple : chaux carbonatée, quarz.

Croisée-obliquangle. Nom d'une variété de staurotide composée de deux prismes qui se croisent sous des angles de [illegible] et [illegible].

Croisée-rectangulaire. Nom d'une variété de staurotide composée de deux prismes qui se croisent sous l'angle de 90^d.

Cruciforme. Nom d'une variété composée de deux cristaux qui se croisent de manière que les pans de l'un sont perpendiculaires sur ceux de l'autre. Exemple : harmotome.

Cubique. Ayant la forme d'un cube. Exemple : chaux fluatée, ammoniaque muriatée.

Cubo-dodécaèdre. Ayant la forme d'un cube dont les douze bords sont remplacés par autant de facettes qui, prolongées jusqu'à s'entrecouper, produiraient un dodécaèdre rhomboïdal. Exemple : chaux fluatée.

Cubo-icosaèdre. Variété qui participe de la forme du cube et de celle de l'icosaèdre (voyez ce mot). Exemple : fer sulfuré.

Cuboïde. Ayant la forme d'un rhomboïde peu différent du cube, en sorte que l'œil peut y être trompé. Exemple : chaux carbonatée.

Cuboïde-prismatique. Variété de chaux carbonatée dans laquelle la forme de celle qui porte le nom de *cuboïde* a ses deux sommets séparés par six faces parallèles à l'axe.

Cubo-octaèdre. Ayant la forme d'un cube dont les huit angles solides sont remplacés par autant de facettes qui, prolongées jusqu'à s'entrecouper, produiraient un octaèdre régulier. Exemple : fer sulfuré, plomb sulfuré.

Cubo-octaèdre alterne. Nom d'une sous-variété de zinc sulfuré en solide cubo-octaèdre (voyez ce mot), dans lequel, parmi les faces qui appartiennent à l'octaèdre, quatre situées comme celles d'un tétraèdre ont beaucoup plus d'étendue que les quatre autres.

Cubo-tétraèdre. Nom d'une variété de cuivre pyriteux qui offre la combinaison des faces du cube avec celles du tétraèdre primitif.

Cubo-trimarginé. Ayant la forme d'un cube dont chaque bord est remplacé par trois facettes. Exemple : chaux fluatée.

Cubo-tripointé. Ayant la forme d'un cube dont chaque angle solide est remplacé par trois facettes. Exemple : chaux fluatée.

Cunéiforme. Nom d'une sous-variété qui présente la forme d'un octaèdre alongé dans le sens d'un axe qui passe par les milieux de deux côtés opposés. Il en résulte que les deux portions d'octaèdre que l'on séparerait à l'aide d'un plan mené par les mêmes côtés, au lieu d'être des pyramides, ont pour sommets des arêtes parallèles au plan dont il s'agit, en sorte que le cristal peut être considéré comme un assemblage de deux coins réunis base à base. C'est cet aspect qui a suggéré le nom de *cunéiforme*. Exemple : spinelle primitif.

D

Décaèdre. Nom d'une variété dont la surface est composée de dix faces du même nombre de côtés. Exemple : spinthère.

Décidodécaèdre. A vingt-deux faces. Exemple : feldspath.

Déciduodécimale. Variété de topaze à un seul sommet, à douze faces avec un prisme décaèdre.

Décioctonal. A dix-huit faces. Exemple : feldspath.

Déciquatuordécimal. A vingt-quatre faces. Exemple : feldspath.

Décisexdécimal. Nom d'une variété dont la surface peut être sous-divisée en deux assortimens, l'un de dix faces et l'autre de seize. Exemple : baryte sulfatée.

Défectif. Nom d'une variété de magnésie boratée, dans laquelle quatre angles solides du cube primitif sont remplacés par autant de facettes, tandis que les angles opposés restent intacts, par une espèce de défaut.

Délotique. Qui donne des éclaircissemens. Nom d'une variété de chaux carbonatée, dans laquelle l'existence des faces du noyau semble éclaircir un paradoxe que présente une autre variété qui diffère de celle-ci par l'absence des mêmes faces.

Dénuée. Nom d'une variété dans laquelle des faces produites par une loi compliquée s'interposent entre d'autres faces produites par des lois très simples. Exemple : chaux carbonatée.

Didécaèdre. Nom d'une variété dont les faces offrent dans leur ensemble la combinaison de deux solides à dix faces. Exemple : feldspath.

Didiplase, c'est-à-dire *deux fois double.* Nom d'une variété de chaux carbonatée, composée de deux rhomboïdes dans lesquels, la perpendiculaire sur l'axe étant supposée égale de part et d'autre, le rapport entre les axes est celui de 1 à 2, et de deux dodécaèdres à triangles scalènes dans lesquels les parties de l'axe qui excèdent celui du noyau ont entre elles le même rapport.

Didodécaèdre. Variété dont la surface est composée de vingt-quatre faces qui, étant prises douze à douze, et prolongées par la pensée, formeraient deux dodécaèdres différens. Exemple : chaux carbonatée.

Dimensif, *étendu dans les deux sens.* Nom d'une variété qui résulte de deux décroissemens sur un même bord ou sur un même angle, l'un en largeur, l'autre en hauteur. Exemple : chaux carbonatée.

Diennéaèdre. Terminé par dix-huit faces, situées neuf par neuf, vers chaque sommet. Exemple : chaux carbonatée.

Diexaèdre. Ayant douze faces qui, prises six à six et prolongées jusqu'à se réunir, donneraient deux solides hexaèdres. Exemple : chaux carbonatée.

Dilaté. Nom d'un dodécaèdre de chaux carbonatée, dans lequel les bases des pentagones extrêmes éprouvent une sorte de dilatation, par une suite de l'inclinaison des faces latérales. Dilaté se dit encore d'une variété d'arragonite dont le prisme, en conséquence d'un défaut de parallélisme dans deux de ses pans opposés, semble subir une dilatation.

Dioctaèdre. Offrant, dans l'ensemble de ses faces, la combinaison de deux octaèdres différens. Exemple : pyroxène.

Dioctoïde. Offrant, dans l'ensemble de ses faces, la combinaison d'un octaèdre avec un autre solide, qui a pareillement huit faces, mais dont la forme est d'espèce différente, telle que celle d'un prisme. Exemple : cuivre carbonaté bleu.

Diplanome. Nom d'une variété dans laquelle chacun des angles subit deux décroissemens, tandis que chaque bord n'en subit qu'un seul, ou réciproquement. Exemple : baryte sulfatée.

Discontinu. Variété dont le signe est composé d'exposans qui forment une progression à laquelle il manque un terme pour qu'elle soit continue. Exemple : chaux sulfatée.

Disjoint. Nom d'une variété dans laquelle les décroissemens font un saut brusque, comme de 1 à 4 ou à 6. Exemple : chaux carbonatée.

Dissimilaire. Nom d'une variété dans laquelle tous les bords et tous les angles sur lesquels agissent les décroissemens, en subissent chacun deux, à l'exception d'un bord ou d'un angle qui ne subit qu'un décroissement. Exemple : baryte sulfatée.

Distique, *ayant un double rang.* Nom d'une variété de chaux carbonatée dans laquelle les arêtes horizontales sont remplacées par des facettes qui forment comme la naissance d'un second sommet, au dessous de celui que produisent les faces extrêmes.

Distinct. Nom d'une variété de magnésie boratée, dans laquelle les angles solides opposés n'ont point de faces semblablement situées, tandis que parmi les quatre qui, sur une autre variété appelée *surabondante*, remplacent tel angle solide, il y en a une située comme celle qui est solitaire à l'endroit de l'angle solide opposé.

Ditétraèdre. Nom d'une variété en prisme tétraèdre à sommets dièdres. Exemple : feldspath.

Ditrinome, *deux fois trois lois.* Nom d'une variété qui résulte de décroissemens par une, deux, trois rangées, dont chacun agit sur deux parties de la forme primitive. Exemple : chaux carbonatée.

Divellente. Nom d'une variété relative au rhomboïde, dans laquelle des faces qui naissent sur les angles inférieurs, se rejettent en sens contraire, comme pour fuir d'autres faces qui naissent sur les bords dont la réunion forme ces mêmes angles. Exemple : chaux carbonatée.

Divergent. Produit en vertu de deux décroissemens, l'un simple, l'autre intermédiaire, en sorte que la loi des décroissemens semble diverger à l'égard d'elle-même, en passant du premier au second. Exemple : chaux carbonatée, fer oligiste.

Dodécaèdre. Ayant sa surface composée de douze faces triangulaires, quadrangulaires ou pentagones, toutes égales et semblables, ou seulement de deux mesures d'angles différentes. Exemple : fer sulfuré, cuivre gris, zircon.

Dodécazone. Variété qui résulte de la combinaison de douze lois de décroissement. Exemple : épidote.

Doublant. Variété dans le signe de laquelle les exposans formeraient une progression qui serait régulière, si l'un d'eux n'était doublé. Exemple : péridot.

Double. Nom d'une variété de disthène composée de deux cristaux accolés par une de leurs faces latérales, sans renversement.

Duodéci-tercale. Variété de topaze dont le prisme est à douze pans, et dont le sommet supérieur, le seul qui soit connu, est terminé par une face perpendiculaire à l'axe entre deux obliques.

Duotrigésimale. Nom d'une variété dont la surface est composée de trente-deux facettes. Exemple : chaux carbonatée.

E.

Émarginé. Nom d'une variété qui présente la forme primitive ayant chacun de ses bords remplacé par une facette. Exemple : chaux phosphatée, grenat.

Émergent. Nom d'une variété d'arragonite composée de six prismes rhomboïdaux, dont cinq tendent à produire un prisme unique, et le sixième semble sortir de cet assemblage, en faisant des angles rentrans avec les deux prismes adjacens.

Émoussé. Nom d'une variété dans laquelle certaines facettes interceptent et rendent comme émoussées des parties qui, sans elles, seraient plus saillantes que les autres. Exemple : chaux carbonatée.

Encadré. Nom d'une variété dans laquelle certaines facettes forment une espèce de cadre autour des faces d'une forme plus simple déjà existante dans la même espèce. Exemple : idocrase.

Ennéacontaèdre. A quatre-vingt-dix faces. Exemple : idocrase.

Ennéahexaèdre, neuf fois six faces. Variété de chaux fluatée, en cube dont chaque angle solide est remplacé par six facettes situées de biais.

Entouré. Nom d'une variété dans laquelle les décroissemens ont lieu sur toutes les arêtes et sur tous les angles solides autour de la base d'un noyau prismatique. Exemple : strontiane sulfatée.

Épimèride, addition dans le partage. Variété dans laquelle les bords subissent un décroissement de plus que les angles, ou réciproquement. Exemple : chaux carbonatée.

Épointé. Nom d'une variété dans laquelle la forme primitive a tous ses angles solides remplacés chacun par une facette. Exemple : chaux carbonatée, émeraude.

Eptahexaèdre. Variété dont la surface est composée de sept rangées de facettes, situées six à six les unes au-dessus des autres. Exemple : potasse nitratée.

Équiaxe. Nom d'un rhomboïde de chaux carbonatée dont l'axe est égal à celui du noyau.

Équidifférent. Nom d'une variété dans laquelle les nombres qui désignent les faces du prisme et celles des deux sommets, qui, dans ce cas, diffèrent l'un de l'autre, forment un commencement de suite arithmétique, comme 6, 4, 2. Exemple : amphibole.

Équilibrée. Nom d'une variété de chaux carbonatée composée de deux dodécaèdres et de quatre rhomboïdes, en sorte que les nombres de faces relatives aux deux espèces de forme étant de part et d'autre de vingt-quatre, offrent une sorte d'équilibre.

Equipollent. Variété produite par des décroissemens en nombre égal, sur deux angles ou sur deux bords. Exemple: fer oligiste.

Equivalent. Variété dans le signe représentatif de laquelle l'exposant qui indique un décroissement est égal à la somme des exposans qui indiquent les autres. Exemple: chaux sulfatée.

Euthétique, c'est-à-dire *disposé d'une manière heureuse.* Variété dont les faces présentent un assortiment d'où résultent des caractères remarquables de symétrie. Exemple: chaux carbonatée.

G

Géniculé. Nom d'une variété de titane oxidé, composée de deux cristaux *réunis en forme de genou.*

Goniogène. Variété dans laquelle les décroissemens n'ont lieu que sur les angles, et cela d'une manière inégale. Exemple: baryte sulfatée.

H

Hémitome. Variété de chaux carbonatée, composée du dodécaèdre métastatique et d'un rhomboïde dont les faces rencontrent la partie de l'axe de ce dodécaèdre qui excède l'axe du noyau, à la moitié de sa longueur.

Hémitrope, c'est-à-dire *à demi retourné.* Nom d'une sous-variété composée de deux moitiés d'un même cristal, ou de deux portions qui auraient été détachées de deux cristaux, par un plan parallèle à celui qui aurait divisé chacun d'eux en deux moitiés, et dont l'une est appliquée contre l'autre en sens contraire. Exemple: chaux carbonatée analogique.

Hémitropie. Résultat de cristallisation qui produit les sous-variétés appelées *hémitropes.*

Hétéronome, qui diffère par les lois de sa structure. Nom donné à une variété de topaze, dont le signe indique des lois de décroissemens qui ne se retrouvent dans aucune autre variété connue.

Hexatétraèdre. Nom d'une variété de chaux fluatée, ayant pour forme un cube dont chaque face porte une pyramide tétraèdre.

Homonome. Variété dans laquelle tous les décroissemens naissent sur les angles ou sur les bords. Exemple: baryte sulfatée.

Hétérostique. Variété dans laquelle le nombre de rangées de facettes qui se succèdent sur une partie, surpasse de beaucoup celui des rangées situées sur les autres parties. Exemple: baryte sulfatée.

Hyperbolique, qui excelle, qui prédomine. Nom d'une variété qui résulte de la combinaison de plusieurs formes, dont l'une est la primitive et les autres étant dues à des lois très simples de décroissement, sont celles que l'on rencontre le plus communément parmi les cristaux de l'espèce. Exemple: chaux carbonatée.

Hyperoxide, aigu à l'excès. Nom d'une variété de chaux carbonatée qui offre la combinaison de deux rhomboïdes, l'un aigu, qui est l'inverse, l'autre incomparablement plus aigu.

I

Icosaèdre. Variété dont la surface est composée de douze triangles isocèles et de huit triangles équilatéraux. Exemple: fer sulfuré.

Identique. Nom d'une variété de chaux carbonatée dans laquelle les lois de décroissement qui agissent sur le véritable noyau, sont les mêmes que celles qui se rapportent au noyau hypothétique.

Imitable. Nom d'une variété de chaux carbonatée qui présente naturellement le dodécaèdre à plans pentagones, que l'on obtient par la division mécanique du prisme hexaèdre régulier de la même substance.

Imitatif. Nom d'une variété dans laquelle une nouvelle loi de décroissement détermine une forme semblable à celle d'une autre variété plus simple. Exemple: feldspath.

Impair. Nom d'une variété de tourmaline dans laquelle les

nombres qui désignent les pans du prisme et les faces des deux sommets, censés différens l'un de l'autre, sont tous les trois impairs, sans être d'ailleurs en progression.

Indirecte. Variété dont le signe est composé d'un exposant fractionnaire et de plusieurs exposans simples, de manière que la somme des deux termes de la fraction est égale à celle des autres termes, ce qui offre d'une manière indirecte l'analogue de la variété équivalente. Exemple : chaux carbonatée.

Infléchi. Nom d'une variété dans laquelle les faces des différens ordres se succèdent, depuis un sommet jusqu'à l'autre, sur des intersections parallèles entre elles, en sorte qu'elles présentent l'aspect d'un seul plan qui aurait subi plusieurs inflexions consécutives. Exemple : chaux carbonatée.

Intégriforme. Nom d'une variété d'arragonite composée de quatre octaèdres primitifs réunis sans aucune pénétration, en sorte que la forme primitive s'y montre dans toute son intégrité.

Interrompu. Nom d'une variété dans laquelle un décroissement mixte s'intercale entre des décroissemens simples qui tendent à former une progression. Exemple : baryte sulfatée.

Inverse. Nom d'un rhomboïde de chaux carbonatée dont les angles saillans sont égaux aux angles plans du noyau, et réciproquement.

Inverse-émarginée. Nom d'une variété de chaux carbonatée qui présente la forme de l'inverse émarginée aux bords supérieurs par les faces primitives, et aux bords inférieurs par celles d'un prisme hexaèdre.

Inverse-binoannulaire. Nom d'une variété en prisme hexaèdre régulier, dont la base est entourée d'un rang de facettes disposées en anneau, qui résulte d'un décroissement par deux rangées en hauteur sur les bords de la même base, ce qui donne l'inverse du cas où le décroissement a lieu par deux rangées en largeur. Exemple : chaux phosphatée.

Isodrique. Nom d'une variété dans laquelle le nombre des bords semblablement situés, qui sont remplacés chacun par une facette, est égal à celui des angles semblablement situés, dont chacun est pareillement remplacé par une facette. Exemple : chaux carbonatée.

Isogone, égalité d'angles. Ayant, sur des parties différemment situées, des faces qui forment entre elles des angles égaux ou à peu près. Exemple : cymophane, chaux carbonatée. Le même nom s'applique aux angles formés par une face et une arête. Exemple : tourmaline.

Isoméride, également partagé. Nom d'une variété produite par des décroissemens dont ceux qui agissent sur les bords sont en nombre égal à ceux qui ont lieu sur les angles. Exemple : baryte sulfatée.

Isométrique, mesure égale. Nom d'une variété de chaux carbonatée, composée du rhomboïde équiaxe et d'un dodécaèdre à triangles scalènes, dans lequel la somme des deux parties qui excèdent l'axe du noyau est aussi égale à cet axe.

Itératif. Nom d'une variété dont le signe est composé d'exposans relatifs à des lois simples, et d'autres exposans qui entrent dans l'expression d'un décroissement intermédiaire, et offrent la répétition des premiers. Exemple : fer oligiste, chaux carbonatée.

M

Mégalogone. Variété dont les faces font entre elles des angles très obtus. Exemple : fer sulfuré.

Méiogone, angle diminué. Nom d'une variété prismatique d'arragonite dont deux pans, séparés par un intermédiaire, s'infléchissent de manière que l'angle qu'ils formaient entre eux se trouve diminué.

Mésotome, échancré par le milieu. Nom d'une variété prismatique d'arragonite, qui a comme deux échancrures aux endroits de deux de ses pans opposés.

Métastatique, de transport. Nom d'un dodécaèdre à triangles scalènes, de chaux carbonatée, ayant des angles plans et des angles saillans égaux à ceux du noyau, en sorte que ces derniers se trouvent comme *transportés* sur la forme secondaire.

Mixte. Résultant d'une seule loi mixte de décroissement. Exemple : chaux carbonatée.

Mixtibinaire. Produit en vertu de deux décroissemens, l'un mixte, l'autre par deux rangées. Exemple : chaux carbonatée.

Mixtibisunitaire. Produit en vertu de trois décroissemens, l'un mixte, les deux autres chacun par une rangée. Exemple : chaux carbonatée.

Mixtiternaire. Nom d'une variété qui résulte de deux décroissemens, l'un mixte, l'autre simple par trois rangées. Exemple : chaux carbonatée.

Mixtitriunitaire. Nom d'une variété qui résulte de quatre décroissemens, l'un mixte, et chacun des trois autres par une rangée. Exemple : pyroxène.

Mixtiunibinaire. Variété produite par trois décroissemens, l'un mixte, le second par une rangée et le troisième par deux rangées. Exemple : baryte sulfatée.

Monostique. Variété en prisme dont la base est entourée de facettes qui ont différentes inclinaisons. Exemple : yénite.

Moyen. Nom d'une variété de chaux carbonatée composée de deux rhomboïdes qui offrent comme deux moyens termes entre deux autres.

N

Nivelé. Nom d'une variété dans laquelle l'intervention de deux faces perpendiculaires à l'axe, en mettant les autres faces de niveau par leurs parties supérieures, les convertit en figures du même nombre de côtés. Exemple : chaux carbonatée.

Nonodécimal. Nom d'une variété de tourmaline, composée d'un prisme à neuf pans, avec un sommet à neuf faces, et l'autre à une seule.

Nonoduodécimal. Nom d'une variété de tourmaline, composée d'un prisme à neuf pans, avec des sommets à six faces.

Nonoseptimal. Nom d'une variété de tourmaline en prisme à neuf pans, avec un sommet à quatre faces et l'autre à trois.

Numérique. Ayant un signe représentatif dont les exposans offrent quelque propriété de nombres. Exemple : chaux carbonatée, baryte sulfatée.

O

Octaèdre. Nom d'une variété dont la surface est composée de huit faces triangulaires. Exemple : fer sulfuré.

Octodécimal. A dix-huit faces. Exemple : baryte sulfatée.

Octoduodécimal. Ayant sa surface composée de vingt facettes, dont huit prolongées par la pensée produiraient un octaèdre, et les autres un dodécaèdre. Exemple : chaux carbonatée.

Octosexdécimal. Nom d'une variété en prisme à huit pans, terminé par des sommets à huit faces. Exemple : étain oxidé.

Octoquatervigésimal. A trente-quatre faces. Exemple : idocrase.

Octotrigésimal. A trente-huit faces. Exemple : chaux carbonatée.

Octovigésimal. A vingt-huit faces. Exemple : baryte sulfatée.

Ondécioctonal. Variété de topaze à un seul sommet à onze faces, avec un prisme octogone.

P

Pantogène, qui tire son origine de toutes les parties. Variété dans laquelle chaque bord et chaque angle solide subit un décroissement. Exemple : baryte sulfatée.

Paradoxal. Nom d'une variété de chaux carbonatée qui présente des résultats singuliers et inattendus.

Parallélique. Nom d'une variété dont les faces, dues à différentes lois de décroissemens, sont remarquables par le parallélisme de leurs intersections. Exemple : chaux carbonatée, baryte sulfatée.

Partiel. Nom d'une variété qui fait exception à la loi de symétrie, en ce que les lois de décroissemens qui la déterminent n'ont pas lieu sur toutes les parties identiques de la forme primitive. Exemple : cobalt gris.

Pentacontaèdre. Nom d'une variété dont la surface est composée de cinquante faces. Exemple : plomb sulfuré.

Pentahexaèdre. Variété dont la surface est composée de cinq rangs de facettes situées six à six les unes au-dessus des autres. Exemple : quarz.

Péridécaèdre. Variété dans laquelle la forme primitive, qui est un prisme tétraèdre, a subi des décroissemens qui l'ont convertie en prisme à dix pans. Exemple : cuivre sulfaté.

Péridodécaèdre. Nom d'une variété dans laquelle la forme primitive étant un prisme hexaèdre, se change, par l'effet d'un décroissement, en un prisme dodécaèdre. Exemple : émeraude, pinite.

Périhexaèdre. Variété dont la forme primitive étant un prisme quadrangulaire, se change en prisme hexaèdre, par l'effet des décroissemens. Exemple : soude boratée, staurotide.

Périoctaèdre. Variété dont la forme primitive étant un prisme quadrangulaire, se change en prisme octogone, par l'effet des décroissemens. Exemple : pyroxène.

Périorthogone. Variété dans laquelle la forme primitive, qui est un prisme rhomboïdal, s'est convertie en prisme rectangulaire, par l'effet des lois de décroissemens. Exemple : pyroxène.

Péripolygone. Dont le prisme a un grand nombre de pans. Exemple : tourmaline.

Péritome. Nom de plusieurs sous-variétés de fer sulfuré blanc, composées de segmens de la forme primitive, qui se réunissent circulairement.

Persistant. Nom d'une variété de chaux carbonatée, dans laquelle certaines faces se trouvent coupées par les faces voisines, de manière qu'elles conservent le même nombre de côtés et les mêmes angles qu'elles auraient eus sans cela, excepté que ces angles ont d'autres positions respectives.

Plagièdre, ayant des facettes situées de biais. Nom d'une variété qui présente de ces sortes de facettes. Exemple : magnésie boratée, quarz.

Plagio-rhombifère. Nom d'une variété de quarz qui réunit les faces de la variété plagièdre et celles de la rhombifère.

Plan-convexe. Nom d'une variété de diamant qui offre la combinaison de celle qu'on nomme *sphéroïdal*, avec les faces planes de l'octaèdre primitif.

Prime. Mot qui se place avant les épithètes *unitaire*, *binaire*, *bino-ternaire*, et autres qui indiquent les résultats des décroissemens, lorsque les faces primitives interviennent dans la forme, avec celles qui sont produites par ces décroissemens. Exemple : chaux carbonatée prime unitaire, émeraude prime unibinaire.

Primitif. Ayant naturellement la forme du noyau que l'on obtient par la division mécanique.

Prismatique. Offrant la forme d'un prisme droit ou oblique, dont les pans font entre eux des angles de 120^{d}. Exemple : chaux carbonatée, feldspath.

Prismé. Ayant des faces parallèles à l'axe, situées entre les sommets de la forme dont il dérive. Exemple : chaux carbonatée, zircon.

Progressif. Nom d'une variété dont le signe a ses exposans en progression. Exemple : chaux carbonatée, baryte sulfatée.

Prominule. Ayant sur sa surface des arêtes qui forment une très légère saillie. Exemple : chaux sulfatée.

Prosennéaèdre, ayant neuf faces sur deux parties adjacentes. Nom d'une variété de tourmaline dans laquelle le prisme et l'un des sommets ont chacun neuf faces.

Pseudo-hémitrope. Variété dont un des sommets seulement présente l'espèce de renversement qui caractérise l'hémitropie, tandis que le sommet opposé ressemble à celui des cristaux ordinaires. Exemple : pyroxène.

Pyramidé. Nom d'une variété qui, ayant un prisme pour forme primitive, présente ce prisme augmenté de deux pyramides appliquées sur ses bases. Exemple : chaux phosphatée, mésotype.

Q

Quadratifère. Nom d'une variété de chaux phosphatée dans laquelle des facettes qui naissent d'un décroissement sur les angles de la base de la forme primitive, sont coupées par d'autres facettes produites en vertu d'un décroissement sur les bords, de manière qu'elles ont la figure d'un carré.

Quadratique. Nom d'une variété ayant un signe composé de trois exposans, dont l'un, qui exprime une loi mixte, a pour termes les carrés des deux autres. Exemple : chaux carbonatée.

Quadribinaire. Nom d'une variété produite en vertu de quatre décroissemens, dont chacun a lieu par deux rangées. Exemple : feldspath.

Quadridécimal. A quatorze faces. Exemple : baryte sulfatée.

Quadridécioctonal. Variété de topaze à un seul sommet à quatorze faces, avec un prisme octogone.

Quadridodécaèdre. Variété dont les faces offrent la combinaison de quatre dodécaèdres. Exemple : chaux carbonatée.

Quadriduodécimal. Nom d'une variété de magnésie boratée qui présente la forme du dodécaèdre rhomboïdal, dont quatre angles solides pris parmi les huit composés de trois plans, sont remplacés chacun par une facette.

Quadripointé. Variété dans laquelle chaque angle solide de la forme primitive est remplacé par quatre facettes. Exemple : fer sulfuré.

Quadriforme. Offrant la combinaison de quatre formes remarquables, telles que le cube, l'octaèdre régulier, etc. Exemple : chaux fluatée.

Quadri-hexagonal. A quatorze faces. Exemple : feldspath.

Quadrioctonal. Variété en prisme octogone à sommets dièdres. Exemple : arragonite.

Quadrirhomboïdal. Nom d'une variété dont les faces offrent la combinaison de quatre rhomboïdes. Exemple : chaux carbonatée.

Quadrisexdécimal. A vingt faces. Exemple : zircon.

Quadritrigésimal. A trente-quatre faces. Exemple : baryte sulfatée.

Quadruplant. Nom d'une variété dont le signe est composé d'exposans en progression, avec cette différence que l'un d'eux est répété quatre fois. Exemple : chaux carbonatée.

Quaternaire. Variété qui résulte d'un décroissement par quatre rangées. Exemple : glaubérite.

Quaterné. Nom d'une variété qui a quarante-quatre faces. Exemple : baryte sulfatée.

Quaterno-bisunitaire. Variété qui résulte d'un décroissement par quatre rangées, et de deux par une rangée. Exemple : chaux sulfatée.

Quindécioctonale. Variété de topaze à un seul sommet à quinze faces, avec un prisme octogone.

Quinoquaternaire. Variété qui résulte de deux lois de décroissement, l'une par quatre rangées, l'autre par cinq. Exemple : chaux carbonatée.

Quinquévigésimal. Nom d'une tourmaline composée d'un prisme à douze pans, avec un sommet à sept faces et l'autre à six.

Quintidodécaèdre. Nom d'une variété dont les faces offrent la combinaison de cinq dodécaèdres. Exemple : chaux carbonatée.

Quintiforme. Nom d'une variété dont les faces offrent la combinaison de cinq formes qui ne sont pas de la même espèce. Exemple : chaux carbonatée.

Quintioctaèdre. Variété dont les faces offrent, dans leur ensemble, la combinaison de cinq octaèdres différens. Exemple : baryte sulfatée.

Quintuplant. Variété dans le signe de laquelle un des exposans est répété cinq fois dans une série qui, sans cela, serait régulière. Exemple : feldspath.

R

Raccourci. Nom d'une variété dont la forme primitive étant un prisme rhomboïdal, les arêtes verticales qui aboutissent à la grande diagonale sont remplacées par des facettes qui font paraître le prisme diminué dans le sens de sa longueur. Exemple : baryte sulfatée.

Récurrent. Nom d'une variété dans laquelle, en prenant les faces par rangées annulaires, depuis une extrémité jusqu'à l'autre, on a deux nombres qui se succèdent plusieurs fois, comme 4, 8, 4, 8, 4. Exemple : étain oxidé.

Rétréci. Nom d'une variété dans laquelle la forme primitive étant un prisme rhomboïdal, les arêtes verticales contiguës à la petite diagonale sont interceptées par des facettes qui font paraître le prisme diminué dans le sens de sa largeur. Exemple : baryte sulfatée.

Rétrograde. Nom d'une variété de chaux carbonatée dont l'expression renferme deux décroissemens mixtes, qui sont tels, que les faces qui en résultent semblent rétrograder, en se rejetant en arrière, du côté de l'axe opposé à celui que regarde la *face* sur laquelle ils naissent.

Rhombifère. Variété sur laquelle certaines facettes sont de vrais rhombes, quoique, d'après la manière dont elles sont coupées par les faces voisines, elles ne paraissent pas, au premier coup d'œil, devoir être d'une figure symétrique. Exemple : quarz, émeraude.

Rhomboïdal. Nom d'une variété de bismuth natif qui présente la forme de la molécule soustractive, c'est-à-dire du rhomboïde qui résulte de l'application de deux tétraèdres réguliers, sur deux faces opposées de l'octaèdre régulier, qui est la forme primitive.

S

Segminiforme. Nom d'une sous-variété dont la forme originaire, qui est celle d'un octaèdre, a subi une modification dont l'effet est de réduire cette forme à un simple segment, tel qu'on l'obtiendrait à l'aide d'un plan parallèle à l'une des faces, et mené entre cette même face et le centre. Exemple : spinelle primitif-cunéiforme.

Semi-annulaire. Nom d'une variété qui offre un prisme hexaèdre régulier, dans lequel trois des bords de chaque base, alternant entre eux et avec ceux de l'autre base, sont remplacés chacun par une facette.

Semi-dilaté. Nom d'une variété de chaux carbonatée qui diffère de celle qu'on appelle *dilatée*, en ce que les pans restent parallèles à l'axe, dans une de leurs moitiés, d'où il suit que les bases des pentagones sont moins dilatées que dans l'autre variété, où les pans étant entièrement inclinés à l'axe, contribuent doublement à la dilatation dont il s'agit.

Semi-émarginé. Variété dans laquelle une partie seulement des bords de la forme primitive, égale à la moitié du nombre total, est remplacée par des facettes. Exemple : chaux carbonatée.

Semi-épointé. Offrant la forme primitive dont la moitié des angles solides est remplacée par des facettes simples. Exemple : baryte sulfatée.

Semi-parallélique. Nom d'une variété prismatique d'arragonite groupé, qui, parmi les huit faces qui la terminent, en a quatre qui sont parallèles, savoir, les bases et deux pans, tandis que les quatre autres pans, pris de deux côtés opposés, s'écartent du parallélisme.

Semi-prismé. Nom d'une variété ayant la forme d'un octaèdre dont deux arêtes opposées, situées au contour de la base commune des deux pyramides dont il est l'assemblage, sont remplacées chacune par une facette. Exemple : plomb phosphaté.

Sénibinaire. Nom d'une variété qui résulte d'un décroissement par six rangées, et de deux par une rangée. Exemple : pyroxène.

Séniquaternaire. Variété qui résulte de deux décroissemens, dont l'un a lieu par quatre rangées, et l'autre par six.

Septemdécidodécimale. Variété de topaze à un seul sommet à dix-sept faces, avec un prisme dodécaèdre.

Septemdécioctonale. Variété de topaze à un seul sommet à dix-sept faces, avec un prisme octogone.

Septiduodécimale. Variété de topaze à un seul sommet à sept faces, avec un prisme dodécaèdre.

Septihexagonale. Variété de topaze à un seul sommet à sept faces, avec un prisme hexaèdre.

Septioctonale. Variété de topaze à un seul sommet à sept faces, avec un prisme octogone.

Sexbisoctonale. Variété qui réunit aux faces d'un parallélipipède celles de deux octaèdres. Exemple : baryte sulfatée.

Sexdécimal. A seize faces. Exemple : baryte sulfatée.

Sexdécioctonale. Variété de topaze à un seul sommet à seize faces, avec un prisme octogone.

Sexduodécimale. Composé de deux solides, l'un hexaèdre, l'autre dodécaèdre. Exemple : chaux carbonatée.

Sexoctodécimale. Nom d'une variété en prisme à six pans, avec des sommets à neuf faces obliques, dont six inférieures et trois terminales. Exemple : argent antimonié sulfuré.

Sexoctonale. Composé de quatorze faces, dont huit prolongées par la pensée tendent à produire un solide octaèdre, et les six autres un hexaèdre. Exemple : chaux carbonatée.

Sexquadridécimal. Nom d'une variété qui a vingt faces, dont six sont du même ordre, et les quatorze autres de différens ordres. Exemple : chaux carbonatée.

Sextiforme. Nom d'une variété de mercure argental, qui offre la réunion de six formes différentes, savoir, le cube, l'octaèdre régulier, le dodécaèdre rhomboïdal, le solide trapézoïdal et deux autres solides, dont l'un a pour faces vingt-quatre triangles isocèles, et l'autre quarante-huit triangles scalènes.

Sextrigésimal. A trente-six faces. Exemple : chaux carbonatée.

Sextuplé, voyez *sphéroïdal.*

Sexvigésimal. Variété dont la surface est composée de six faces parallèles à l'axe, et de vingt autres faces différemment situées. Exemple : chaux carbonatée.

Sous-double. Nom d'une variété dans le signe de laquelle un des exposans est la moitié de la somme des autres. Exemple : baryte sulfatée.

Sous-quadruple. Variété dans laquelle un des exposans est le quart de la somme des autres exposans. Exemple : chaux carbonatée.

Sous-quintuple. Nom d'une variété dans le signe de laquelle un des exposans est $\frac{1}{5}$ de la somme des autres. Exemple : baryte sulfatée.

Sous-sextuple. Variété dans le signe de laquelle un des exposans est $\frac{1}{6}$ de la somme des autres exposans. Exemple : chaux carbonatée.

Soustractif. Variété dans laquelle un des exposans du signe est moindre d'une unité que la somme des autres exposans. Exemple : chaux carbonatée, pyroxène.

Sous-triple. Variété dans le signe de laquelle un des exposans est le tiers de la somme des autres. Exemple : baryte sulfatée.

Sphéroïdal. Nom d'une variété de diamant qui se divise en trois sous-variétés, savoir, le diamant sphéroïdal sextuplé offrant quarante-huit facettes curvilignes, qui répondent six à six aux faces de l'octaèdre primitif; le diamant sphéroïdal conjoint, offrant la variété précédente, dont les faces prises deux à deux paraissent se confondre en une seule, qui est un rhombe bombé, par une suite de ce que leur arête de jonction est comme oblitérée; et le diamant sphéroïdal comprimé, dérivé de la variété sextuplée, dans laquelle, parmi les assortimens de six triangles qui répondent aux faces du noyau, deux opposés entre eux se rapprochent de manière que le cristal se présente comme un prisme hexaèdre très court, à bases curvilignes et très surbaissées.

Sténogone, c'est-à-dire *dont les angles sont resserrés dans des limites étroites.* Nom d'une variété de chaux carbonatée dans laquelle l'assortiment des faces fait disparaître une partie des inclinaisons de leurs bords, dont les uns deviennent parallèles et les autres se trouvent sur un même plan, en même temps que d'autres arêtes se réunissent sous des angles plus ou moins aigus.

Sténonome, *lois resserrées.* Variété qui offre un grand nombre de faces produites par des décroissemens dont les exposans sont resserrés entre les limites des trois premiers nombres naturels. Exemple : chaux carbonatée, pyroxène.

Sténotactique, distribution resserrée. Nom d'une variété produite par des décroissemens dont une moitié naît sur le même angle, et l'autre moitié sur les mêmes bords. Exemple : chaux carbonatée.

Subdistique. Nom d'une variété offrant vers chaque sommet une rangée de facettes dont deux sont surmontées de deux autres qui offrent comme le rudiment d'une seconde rangée. Exemple : péridot, baryte sulfatée.

Subpyramidée. Nom d'une variété dans laquelle la forme primitive, qui est un prisme, a ses bords horizontaux remplacés par des facettes qui produisent comme une naissance de pyramide. Exemple : baryte sulfatée.

Surabondant. Nom d'une variété de magnésie boratée, dans laquelle les angles solides qui étaient intacts sur une variété appelée *défective*, sont remplacés chacun par quatre facettes, en sorte qu'il y a surabondance où il y avait défaut.

Le même nom s'applique aux variétés dans lesquelles un des angles ou des bords subit deux décroissemens, tandis que chacune des autres parties n'en subit qu'un seul. Exemple : baryte sulfatée.

Surbaissé. Composé d'un prisme terminé par des sommets très surbaissés. Exemple : chaux carbonatée.

Surcompensé. Nom d'une variété dans laquelle un des bords ou des angles solides reste intact, tandis que chacun des autres bords ou des autres angles subit un décroissement, et que de plus, deux d'entre eux en subissent chacun deux, en sorte qu'il y a plus que compensation. Exemple : baryte sulfatée.

Surcomposé. Nom d'une variété dont la forme est composée d'un grand nombre de facettes qui résultent de diverses lois de décroissemens. Exemple : euclase.

Surmarginé. Nom d'une variété dont tous les bords, moins deux, opposés entre eux, sont remplacés chacun par une facette, en même temps que les deux autres, le sont chacun par deux facettes. Exemple : pyroxène.

Surémoussé. Nom d'une variété dans laquelle les sommets aigus de celle qui portait le nom d'*émoussée*, sont interceptés par des facettes perpendiculaires à l'axe. Exemple : chaux carbonatée.

Symétrique. Variété dont la forme atteint, relativement à la disposition ou aux étendues de ses faces, une certaine limite qui lui donne de la symétrie. Exemple : arragonite.

Le même nom s'applique aussi à des sous-variétés dans lesquelles certaines faces ont, relativement aux autres, des positions d'où résulte une plus grande symétrie que dans les cristaux ordinaires. Exemple : zircon dodécaèdre.

Synallactique, conciliant. Nom d'une variété de chaux carbonatée, dans laquelle le résultat d'une loi compliquée, ajouté à la variété analogique, se concilie tellement avec les effets des lois simples d'où dépend cette dernière variété, qu'il y ajoute de nouvelles analogies.

Synoptique. Nom d'une variété due à des lois de décroissemens qui offrent comme le tableau de celles qui ont lieu dans l'ensemble des autres variétés, ou du moins dans la plupart. Exemple : feldspath.

T

Terminale. Nom d'une variété de chaux carbonatée, dans laquelle les limites entre les faces situées l'une au-dessus de l'autre, sont tracées par des suites d'arêtes communes, situées sur des plans perpendiculaires à l'axe.

Ternaire. Nom d'une variété produite en vertu d'un décroissement par trois rangées. Exemple : corindon.

Ternée mixte. Variété de staurotide composée de trois prismes dont deux se croisent à angle droit, et le troisième fait avec l'un des précédens des angles de 120^d, 60^d, en sorte que le groupe participe des variétés croisées rectangulaires et obliquangles.

Ternée obliquangle. Variété de staurotide composée de trois prismes qui se croisent en faisant entre eux des angles de 60^d, de manière qu'ils sont situés comme les trois diamètres d'un hexagone régulier.

Terni-annulaire. Variété en prisme hexaèdre régulier, modifié par six facettes disposées en anneau autour de chaque base, et qui résultent d'un décroissement par trois rangées. Exemple : cuivre sulfuré.

Terni-bisunitaire. Variété produite en vertu de trois décroissemens, l'un par trois rangées, chacun des deux autres par une. Exemple : chaux carbonatée.

Tétraèdre. Nom d'une variété en tétraèdre régulier. Exemple : zinc sulfuré.

Tétrasepténaire. Variété dont la surface peut être sous-divisée en quatre assortimens, chacun de sept faces. Exemple : euclase.

Transposé. Nom des sous-variétés dans lesquelles une moitié de la forme est déplacée de manière qu'elle est censée avoir tourné sur l'autre d'une quantité égale à un sixième de circonférence. Exemple : spinelle primitif.

Trapézien. Ayant sa surface latérale composée de trapèzes situés sur deux rangs, entre deux bases. Exemple : chaux sulfatée, fer oligiste.

Dans ces exemples, la forme du solide est produite par des décroissemens; mais le nom de *trapézien* s'applique aussi à une sous-variété de l'octaèdre régulier, semblable à un segment que l'on détacherait de cet octaèdre, en y faisant passer deux plans parallèles à l'une des faces et également éloignés du centre qu'ils intercepteraient. Ce segment aurait deux bases hexagonales, entre lesquelles seraient situés six trapèzes alternativement inclinés en sens contraire. Exemple : spinelle primitif.

Trapézoïdal. Nom d'une variété qui présente un solide à vingt-quatre faces trapézoïdales égales et semblables. Exemple : grenat, analcime.

Trédécimal. A treize faces. Exemple : tourmaline.

Trédécioctonal. Variété de topaze à un seul sommet à treize faces, avec un prisme octogone.

Triacontaèdre. Variété de fer sulfuré, dont la forme, en la supposant ramenée à sa limite, aurait trente faces, savoir, six rhombes égaux et vingt-quatre trapézoïdes égaux et semblables.

Triadite. Nom d'une variété de chaux carbonatée qui résulte de trois décroissemens ordinaires et d'un intermédiaire, dont telle est la loi, que si on lui substitue les deux lois ordinaires qui naissent de la considération du noyau hypothétique, le signe n'aura que des exposans compris parmi les nombres 1, 2, 3.

Triannulaire. Variété dans laquelle un prisme hexaèdre a ses bords horizontaux remplacés chacun par des facettes qui forment comme un triple anneau autour des bases. Exemple : baryte carbonatée.

Tridodécaèdre. Variété dont les faces offrent la combinaison de trois dodécaèdres. Exemple : chaux carbonatée.

Trimarginé. Nom d'une variété qui offre la *forme primitive* dont chaque bord est remplacé par trois facettes. Exemple : grenat.

Tripointé. Nom d'une variété en cube ou en parallélépipède rectangle offrant la forme primitive, et dont chaque angle solide est remplacé par trois facettes. Exemple : analcime.

Triforme. Variété dont les faces présentent la combinaison de trois formes remarquables, telles que le cube, l'octaèdre régulier et le dodécaèdre à plans rhombes. Exemple : alumine sulfatée.

Trigéminé. Nom d'une variété offrant la combinaison de six solides, qui étant pris deux à deux, sont de la même espèce. Exemple : chaux carbonatée.

Trigésimal. A trente faces. Exemple : baryte sulfatée.

Trihexaèdre. Variété dont la surface est composée de trois rangs de facettes disposées six à six. Exemple : chaux carbonatée, potasse nitratée.

Trioctaèdre. Variété dont la forme présente, dans l'ensemble de ses faces, la combinaison de trois octaèdres. Exemple : baryte sulfatée.

Triplique, qui suit trois routes. Nom d'une variété dont le signe renferme trois espèces de lois, l'une simple, la seconde mixte et la troisième intermédiaire. Exemple : chaux carbonatée.

Triplant. Nom d'une variété dans le signe de laquelle un

des exposans est répété trois fois, parmi les termes d'une série qui, sans cela, serait régulière. Exemple : péridot.

Triple. Nom d'une variété de plomb carbonaté composée de trois prismes hexaèdres comprimés réunis autour d'un axe commun.

Triploèdrique. Nom d'une variété dont la surface présente, vers chaque sommet, trois ordres de facettes, dont chacun est triple du suivant. Exemple : chaux carbonatée.

Trirhomboïdal. Variété dont la surface est composée de dix-huit faces qui, étant prises six à six, et prolongées, formeraient trois rhomboïdes différens. Exemple : chaux carbonatée.

Tristagone. Variété dans laquelle six des angles plans ou saillans sont égaux deux à deux. Exemple : chaux carbonatée.

Trisoustractif. Nom d'une variété dans le signe de laquelle le plus fort exposant est moindre de trois unités, que la somme des autres exposans. Exemple : pyroxène.

Trisunibinaire. Variété qui résulte de trois décroissemens par une rangée, et de deux par deux rangées. Exemple : baryte sulfatée.

Trisunibinaire. Nom d'une variété qui résulte de quatre décroissemens, dont trois par une rangée et le quatrième par deux. Exemple : plomb carbonaté.

Trisunitaire. Variété qui résulte de trois décroissemens par une seule rangée. Exemple : potasse nitratée.

U

Uniannulaire. Variété en prisme hexaèdre régulier, modifié par six facettes disposées en anneau autour de chaque base, et qui résulte d'un décroissement par une rangée. Exemple : cuivre sulfuré.

Unibibinaire. Variété qui résulte de trois décroissemens, l'un par une rangée et les deux autres par deux rangées. Exemple : chaux carbonatée.

Unibinaire. Produit en vertu de deux décroissemens, l'un par une rangée, l'autre par deux. Exemple : chaux carbonatée, chaux phosphatée.

Unibinoternaire. Nom d'une variété qui est le résultat de trois décroissemens par une, deux et trois rangées. Exemple : chaux carbonatée.

Unimixte. Produit en vertu de deux décroissemens, l'un par une rangée, l'autre mixte. Exemple : chaux carbonatée.

Uniquadragénaire. Nom d'une variété de chabasie, dans laquelle un décroissement par une rangée est suivi d'un autre extrêmement rapide, dont la détermination m'a paru s'accorder avec les angles qui en résultent, en supposant qu'il ait lieu par quarante rangées.

Uniquaternaire. Variété qui résulte de deux décroissemens, l'un par une rangée, l'autre par quatre. Exemple : chaux sulfatée.

Unisénaire. Nom d'une variété qui résulte de deux décroissemens, l'un par une rangée et l'autre par six. Exemple : plomb sulfuré.

Unitaire. Produit en vertu d'un seul décroissement par une rangée. Exemple : chaux carbonatée, strontiane sulfatée.

Uniternaire. Produit en vertu de deux décroissemens, l'un par une et l'autre par trois rangées. Exemple : chaux carbonatée.

Unitribinaire. Variété qui résulte d'un décroissement par une rangée, et de trois par deux rangées. Exemple : chaux carbonatée.

V

Varié. Nom d'une forme d'arragonite, dont le prisme, en même temps qu'il subit une inflexion à l'endroit d'un de ses pans, a ses bases remplacées par des saillies.

Z

Zonaire. Nom d'une variété de chaux carbonatée qui offre dans sa partie moyenne un rang de facettes disposées en manière de zone.

TABLEAUX DES MESURES D'ANGLES,

DISPOSÉS SUIVANT L'ORDRE DES ESPÈCES AUXQUELLES ILS SE RAPPORTENT.

CHAUX CARBONATÉE.

Incidence de			
P sur P′ ou sur P″	75ᵈ	31′	20″
P′ sur P″	104	28	40
P sur *c*	135	0	0
P sur *f*	129	13	53
P sur *g*	142	14	20
P sur *i*	139	23	56
P sur *l*	140	37	34
P sur la face *l* située du côté opposé	96	20	24
P sur la face *m* située de côté	99	52	30
P sur *m*	149	2	11
P sur *n*	165	31	20
P sur *o*	135	0	0
P sur *q*	171	11	49
P sur *r* ou sur *r*′	151	2	40
P sur *s*	119	2	11
P sur *t*	163	24	47
P sur *u* ou sur *u*′	127	45	40
P sur *v*	170	26	29
P sur *y*	142	14	26
P sur ε	140	37	34
P sur μ	135	55	27
P sur σ	168	28	40
P sur ω	167	9	58
P sur τ	164	44	42

CHAUX CARBONATÉE.

Incidence de			
P sur *z*	147ᵈ	13′	28″
P sur δ	156	42	58
b sur *b*	107	24	48
b sur *b*′	145	34	12
b sur *r*	159	27	14
c sur *c*′	120	0	0
c sur *d*	120	57	
c′ sur *f*	153	26	6
c′ sur *g*	116	33	55
c′ sur *h*	146	18	35
c sur *i* ou *c*′ sur *i*′	175	38	5
c sur *l*	128	39	56
c sur *m* ou *c*′ sur *m*′	165	57	49
c sur *o*	90	0	0
c sur *r*, ou *c*′ sur *r*, ou *c*′ sur *r*′	152	6	52
c sur *r*″	135	0	0
c sur *s*′ ou *c*′ sur *s*	168	41	24
c sur *u*	150	2	0
c sur *x*	131	55	29
c′ sur *x*	159	17	42
c sur *y*	153	26	6
c sur *y*′	141	30	5
c sur *z*	156	52	4
c ou *c*′ sur *e*	148	15	27

CHAUX CARBONATÉE.

Incidence de			
e' sur i	135°	0'	0"
e sur ζ, e' sur ζ, e'' sur ζ''	163	52	52
e' sur s	165	57	49
e sur ξ	146	18	37
e sur r ou e' sur r'	171	52	11
e sur v	164	3	16
e sur φ	141	20	2
e' sur g	164	5	16
d sur d	127	4	51
d sur f	147	30	57
f sur f	78	27	47
f sur f'	101	32	13
f sur g	143	7	48
f sur h	172	52	30
f sur k	157	31	14
f sur l	155	18	0
f sur m ou f' sur m'	120	50	30
f' sur m ou f sur m'	139	25	55
f sur o	116	33	55
f sur r	142	14	20
f sur u	140	46	6
f sur x	162	58	34
f sur θ	161	33	55
f sur ξ	165	51	21
f sur ι	123	41	24
g sur g	134	25	38
g sur g'	45	34	22
g sur h	150	15	19
g sur i'	116	9	59
g sur k'	120	39	5
g sur l	167	54	20
g sur o	153	26	6
g sur q	151	2	41
g sur r	129	13	54

CHAUX CARBONATÉE.

Incidence de			
g sur s	127°	52'	50"
g sur t	158	49	43
g sur u	112	47	11
g sur γ ou g' sur γ'	143	32	39
g sur λ ou g' sur λ'	154	49	54
g sur ξ	128	19	44
g sur ω	155	4	22
h sur h	87	47	45
h sur h'	92	12	15
h sur o	123	41	25
h sur t	141	40	17
h sur s ou h' sur s'	157	27	11
h sur u	136	6	8
h sur v	170	54	9
i sur m	170	20	44
i sur l'arête z	108	26	5
k sur l	132	44	43
k sur k'	119	29	52
k sur m	161	52	40
k sur o	85	54	51
k' sur o	94	5	8
l sur l'	114	29	46
l sur r	135	52	25
l sur s	139	58	12
l sur v	142	56	26
l sur φ	140	37	34
m sur m'	114	18	56
m' sur m'	65	41	4
m sur o	104	2	11
m sur r ou m' sur r'	160	56	13
m sur s' ou m' sur s	154	39	15
m sur s ou m' sur s'	131	32	54
m sur u	147	9	28
m' sur u	147	9	28

CHAUX CARBONATÉE.

Incidence de			
m sur v	155°	49′	45″
m sur y	157	12	51
m sur e	161	23	28
m sur r ou m′ sur r	174	5	58
m sur φ	127	18	2
m sur t	164	17	29
m sur 3	158	50	20
m sur 5	145	0	9
n sur n	161	48	18
n sur la face de retour	101	32	13
n sur la face adjac. située vers le som. oppos.	104	28	40
n sur u	142	14	20
n sur μ	150	24	7
o sur s	101	18	36
o sur y	102	55	16
o sur ∂	100	53	57
o sur μ	97	17	56
o sur v	123	13	22
o sur t	119	44	42
o sur π	104	2	0
o sur φ	128	39	58
n sur q	168	53	14
q sur la face de retour	122	51	23
q sur r	145	33	18
q sur t	172	12	58
r sur r	144	20	26
r sur r′	104	28	40
r sur r″	133	26	0
r sur s	139	42	15
r sur x	153	51	22
r sur y ou r′ sur y′	171	11	39
r sur ∂	165	41	50
r sur ξ	168	41	23
r sur φ	140	57	34

CHAUX CARBONATÉE.

Incidence de			
s sur s	63°	44′	55″
s sur s′	116	15	5
t sur t ou t′ sur t′	157	39	26
t sur t′	159	11	34
t sur π	168	17	22
u sur u′	120	0	0
u sur y	165	31	20
u sur μ	171	50	13
u sur ξ	163	53	52
v sur v	167	57	12
v sur la face de retour	101	52	52
x sur x	92	3	10
x sur x′	153	13	58
x sur x″	135	36	4
x sur y	157	51	2
y sur y	134	25	2
y sur y′	108	56	2
y sur z	144	28	1
z sur z	142	50	56
z sur z′	100	50	44
∂ sur ∂	121	11	16
∂ sur ∂′	158	12	48
γ sur γ ou γ′ sur γ′	115	1	44
γ sur γ′	142	24	6
γ sur γ″	118	29	4
ζ sur ζ	152	14	16
θ sur ϑ	157	12	51
ϑ sur ϑ	104	28	40
ϑ sur ϑ′	144	20	26
ϑ sur ϑ″	133	26	0
λ sur λ ou λ′ sur λ′	155	45	2
λ sur λ″	114	18	56
λ sur λ′	101	53	52
μ sur μ	127	46	0

CHAUX CARBONATÉE.

Incidence de

μ sur μ'	113ᵈ	16'	52"
μ sur μ''	165	40	56
ν sur ν	101	32	13
ν sur ν'	161	58	18
ξ sur ξ	122	34	44
π sur π et sur la surface π de retour	151	2	42
ρ sur ρ	165	29	8
ρ sur la face de retour	101	39	40
σ sur σ	152	28	22
σ sur σ'	68	55	30
φ sur φ	94	53	49
ψ sur ψ	108	58	2
ψ sur ψ'	134	25	2
ω sur ω	163	50	52
ω sur ω'	130	8	44
2 sur 2	139	52	50
2 sur 2'	106	13	50
2 sur 2''	141	12	24
3 sur 4	170	26	31
4 sur 4	151	2	42
4 sur 4'	102	38	8
4 sur 4''	122	5	24
5 sur 5	110	0	18
5 sur 5'	132	39	30
6 sur 6	164	5	26
6 sur 6'	87	35	32

ARRAGONITE.

Incidence de

M sur M	116ᵈ	56'	0"
M sur P	107	49	0
M sur h	122	2	0
M sur n	147	58	0
M sur s	90	0	0
P sur P	129	28	0

ARRAGONITE.

Incidence de

o sur o	70ᵈ	32'	0"
o sur s	125	16	0
r sur r	120	26	0
r sur r'	158	44	0
r sur la face de retour	129	2	0

CHAUX PHOSPHATÉE.

Incidence de

M sur M	120ᵈ	0'	0"
M sur P	90	0	0
M sur e	150	0	0
M sur r	112	12	28
M sur s	135	0	0
M sur u	149	3	0
M sur x	129	13	55
M sur z	148	31	4
P sur e	90	0	0
P sur r	157	47	52
P sur s	126	15	50
P sur u	130	14	0
P sur x	140	46	7
P sur z	121	28	56
e sur s	144	44	8
r sur x	162	58	33
u sur s	166	57	0
x sur x	143	7	48
x sur s	150	42	49

CHAUX FLUATÉE.

Incidence de

P sur P	109ᵈ	28'	16"
P sur t	125	15	52
P sur x	144	44	8
P sur s	152	30	13
t sur t	90	0	0

CHAUX FLUATÉE.

Incidence de			
i sur n''	150^d	47′	58″
i'' sur n'' située à la droite de l'arête y	162	56	52
i sur s	135	0	0
i sur u	144	44	8
i sur x	161	31	56
n'' sur n^s, n sur n ou n' sur n'	162	14	50
n sur n'' de part et d'autre de l'arête y, n sur n' ou n' sur n^s	144	2	58
n'' à la droite de l'arête y, sur n'' située de l'autre côté du point ϑ	154	47	24
s sur x	153	28	4
u sur u	146	26	53
x sur x	126	56	8
x sur x'	154	9	28
z sur z	144	54	10

CHAUX SULFATÉE.

Incidence de			
M sur P	90^d	0′	0″
M sur T	113	7	48
M sur f	145	18	17
M sur l'arête x'	91	59	28
P sur T	90	0	0
P sur f	124	41	43
P sur k	134	21	40
P sur l	108	5	19
P sur n	110	32	32
P sur o	144	9	44
P sur r	154	17	24
f sur la face f de retour	110	36	34
f sur o	160	31	59
f sur r	150	24	19
h sur l	153	41	39
l sur la face l de retour	143	55	22

CHAUX SULFATÉE.

Incidence de			
n sur la face n de retour	138^d	54′	56″
o sur la face o de retour	71	40	32
u sur u' ou u'' sur u''	135	41	6
L'arête x sur l'arête x'	176	1	4
s sur l'arête ϑ	88	0	32
s sur l'arête parallèle à ϑ	91	59	28

CHAUX ANHYDRO-SULFATÉE.

Incidence de			
M sur P	90^d	0′	0″
M sur T	90	0	0
P sur T	90	0	0
M sur f	155	7	0
M sur n	145	10	0
M sur o	125	42	0
M sur r	140	4	0
T sur f	104	39	0
T sur r	129	56	0
f sur f ou f' sur f'	152	42	0
f sur f'	140	40	0
f sur n	170	3	0
f sur o	150	35	0
n sur o	160	32	0

CHAUX BORATÉE SILICEUSE.

Incidence de			
P sur M et sur M′	90^d	0′	0″
P sur h	127	45	0
M sur M′	109	28	0
M sur la face M de retour	70	32	0
M sur f	144	44	0
M sur l	164	12	0
M sur n	160	32	0
f sur n	125	16	0
n ou n' sur le pan n ou n' de retour	109	28	0

BARYTE SULFATÉE.

Incidence de			
M sur M	101°	32'	13"
M sur la face de retour	78	27	47
M sur P	90	0	0
M sur *c*	133	31	31
M sur *f*	124	11	41
M sur *k*	129	13	54
M sur *n*	151	26	21
M sur *o*	120	18	0
M sur *s*	140	46	6
M sur *t*	169	19	45 30‴
M sur y	142	29	49
M sur z	154	26	52
M sur ε	160	42	30
M sur δ	117	36	22
M sur λ	155	59	57 30
P sur *d*	140	59	21
P sur *h*	90	0	0
P sur *l*	157	56	59
P sur *v*	127	5	13
P sur *r*	162	2	44
P sur *s*	90	0	0
P sur *u*	121	41	0
P sur y	122	48	29
P sur z	115	33	8
P sur γ	147	3	13
P sur ι	130	22	43
P sur δ	132	23	40
P sur μ	142	12	10
c sur *o*	166	46	49
d sur *d*	78	1	58
d sur la face de retour	101	58	42
d sur *f*	163	25	11
d sur *l*	163	2	22
d sur *o*	117	56	29

BARYTE SULFATÉE.

Incidence de			
d sur *r*	158°	56'	45"
d sur *s*	129	0	39
d sur *u*	160	41	39
d sur γ	173	56	8
d sur μ	144	37	59
f sur *o*	134	31	18
i sur *f*	138	35	24
i sur *o*	163	37	5
k sur *o*	142	8	47
k sur ε	148	31	4
l sur *s*	112	3	1
l sur γ	169	6	14
o sur *o*	105	49	34
o sur *x*	157	0	23
o sur y	153	57	51
o sur δ	135	39	58
o sur ι	176	42	30
o sur κ	153	18	29
r sur *r*	35	54	32
s sur *t*	151	26	21
s sur *u*	148	19	0
s sur z	144	20	2
s sur λ	164	46	29
t sur *t*	120	52	42
u sur *u*	116	38	0
u sur z	145	12	29
x sur *x*	129	59	52
y sur y prise vers une même base	88	25	22
y sur y prise vers la base opposée	114	22	2
y sur z	161	42	7
z sur z	110	25	58
z sur la face de retour	91	19	56
ι sur ι'	99	14	34
ι sur la face de retour	80	45	26

BARYTE CARBONATÉE.

Incidence de	
P sur P′	88d 8′
P sur la face de retour	91 54
P sur c	143 23
P sur *d*	160 54
P sur *g*	132 40
P sur *g′* ou P′ sur g	106 46
P sur *h*	145 18
P sur o	126 37
c sur c′	120 0
c sur *d*	123 57
c sur *h*	108 36
c sur o	90 0
c′ sur g	143 23
c′ sur *f*	123 57
c′ sur *n′*	108 36
c′ sur o	90 0
d sur *f*	147 18
d sur *h*	164 39
d sur o	146 3
f sur g	143 23
f sur *n*	164 39
f sur o	146 3
g sur *n*	145 13
g sur o	126 37
h sur *n*	161 36
h sur o	161 24
n sur o	161 24

STRONTIANE SULFATÉE.

Incidence de	
M sur M	104d 48′
M sur la face M de retour	76 12
M sur P	90 0
M sur *z*	154 6
P sur *d*	140 46
P sur *l*	157d 47′
P sur o	128 31
P sur *s*	90 0
d sur *d*	78 28
d sur *l*	162 59
o sur o	102 58
o sur la face o de retour	77 2
n sur o	161 16
o sur *s*	90 0
n sur *n*	107 44
n sur la face *n* de retour	84 20
z sur *z′*	128 12

STRONTIANE CARBONATÉE.

Incidence de	
P sur P′	99d 38′
P sur P″	80 23
P sur *h*	136 14
P sur *k*	150 47
P sur *n*	138 11
P sur o	131 49
h sur *l*	150 47
h sur o	131 49
h sur *n*	138 11
k sur o	109 36
k sur *n*	167 24
k sur *l*	121 36
l sur o	102 36
n sur *n*	120 0
n sur o	90 0

MAGNÉSIE SULFATÉE.

Incidence de	
M sur P	90d 0′
M sur *l*	129 14

MAGNÉSIE SULFATÉE.

Incidence de
M sur *o* .... 135^{d} 0'
M sur *s* 161 34
l sur *l* 126 52
l sur *r* 153 26
o sur *o* 90 0
o sur *r* 120 0
o sur *s* 135 26

MAGNÉSIE BORATÉE.

Incidence de
P sur P .... 90^{d} 0' 0"
P sur *n* 135 0
P sur *r*.ⁱ 144 44 8
P sur *s* 125 15 52
P sur *x* 152 47 20
n sur *n* 120 0 0
n sur *r* 150 0 0
n sur *x* 157 47 35
x sur *x* 162 14 48

CORINDON.

Incidence de
P sur P .... 86^{d}38'
P sur P' 93 22
P sur *a* 122 50
P sur *z* 154 7
P sur *s* 138 41
h sur *h* 124 6
h sur *h'* 139 6
h sur la face oppos. dans la même pyram. 40 54
h sur *o* 110 27
h sur *z* 159 33
i sur *i* 121 6
i sur *i'* 158 52
i sur *o* 100 34

CORINDON.

Incidence de
i sur *r* .... 161^{d}01'
o sur *r'* 119 15
o sur *z* 90 0
r sur *r* 128 14
r sur *r'* 121 34
r sur la face oppos. dans la même pyram. 58 26
r sur *s* 150 47
s sur *s* 120 0
r sur *z* 122 2
z sur *z* 115 56

ALUMINE SULFATÉE.

Incidence de
P sur P .... 109^{d}28' 16"
P sur *o* 144 44 8
P sur *r* 125 15 54
r sur *r* 90 0 0

ALUMINE FLUATÉE SILICEUSE, ou TOPAZE.

Incidence de
M sur M .... 124^{d}22'
M sur P 90 0
M sur *f* 152 11
M sur *k* 154 15
M sur *l* 161 16
M sur *o* 135 59
M sur *r* 117 49
M sur *s* 124 36
M sur *u* 150 8
P sur *i* 134 1
P sur *k* 115 47
P sur *n* 135 59
P sur *o* 134 1
P sur *x* 158 26

ALUMINE FLUATÉE SILICEUSE, OU TOPAZE.

Incidence de	
P sur *y*	117^d 21'
P sur *d*	127 49
f sur *u*	102 17
h sur *o*	161 46
l sur *l* de retour	93 6
l sur *r*	136 33
l sur *x*	131 34
n sur *n*	91 58
n sur *y*	161 22
n sur *ϑ*	161 56
o sur *o*	140 46
o sur *s*	168 37
r sur *y*	152 59
u sur *z*	160 49
z sur *z*	103 16
z sur *z* de retour	76 44
ϑ sur *ϑ*	128 26

ALUMINE MAGNÉSIÉE OU SPINELLE.

Incidence de	
P sur P'	109^d 28' 16"
P sur *o*	144 44 8
o sur *o'*	120 0 0
o sur *r* ou sur *r'*	148 31 5
r sur *r*, ou *r'* sur *r'*	129 31 16
r sur *r'*	144 54 10

POTASSE NITRATÉE.

Incidence de	
M sur M	60^d 0'
M sur la face de retour	120 0
M sur *h*	120 0
M sur *t*	143 51
M sur *y*	124 23

POTASSE NITRATÉE.

Incidence de	
M sur *z*	108^d 53'
P sur P	68 46
P sur la face de retour	114 14
P sur *h*	124 23
h sur *o*	90 0
h sur *z*	143 51
h sur *x*	108 53
l sur *o*	90 0

POTASSE SULFATÉE.

Incidence de	
P sur P'	92^d 12'
P sur la face de retour	89 48
P sur *n*	130 50
P sur *n'* ou P' sur *n*	112 36
o sur *r*	90 0
r sur *r*	180 0

SOUDE MURIATÉE.

Incidence de	
P sur P	90^d 0' 0"
P sur *o*	125 15 52
o sur *o*	109 28 16

SOUDE BORATÉE.

Incidence de	
M sur P	106^d 7'
M sur T	90 0
M sur *r*	134 5
M sur *z*	118 59
P sur *g*	150 50
P sur *o*	138 46
P sur *z*	115 17
T sur *o*	118 52
T sur *r*	135 55

SOUDE BORATÉE.

Incidence de	
o sur r′	120ᵈ 6′
r sur r′	91 50
r′ sur o	143 55

SOUDE CARBONATÉE.

Incidence de	
P sur P	143ᵈ 8′
P sur P′	113 54
P sur o	140 46

GLAUBÉRITE.

Incidence de	
M sur M	80ᵈ 8′
M sur la face de retour	99 52
M sur P	104 30
M sur f	142 21
P sur f	142 9
P sur l'arête H	111 13
f sur f	122 4

QUARZ.

Incidence de	
P sur P″	85ᵈ36′
P′ sur P′	94 24
P sur f	141 40
P sur l	156 26
P sur m	152 51
P sur o	128 20
P sur r	141 40
P sur s ou sur s′	151 7
P sur u	151 16
P sur u′	131 58
P sur x	148 42
P sur x′	125 11
P sur z ou sur z′	135 48

QUARZ.

Incidence de	
P sur z″, P′ sur z, ou P′ sur z′	103ᵈ20′
P sur y	143 52
f sur z	141 40
l sur r ou l′ sur r′	165 14
l′ sur z	156 26
m sur r ou m′ sur r′	168 49
m′ sur z	152 51
r sur r′	120
r ou r′ sur s	142
r sur u ou r′ sur u′	161 29
r sur x ou r′ sur x′	167 56
r′ sur z	141 40
r sur y	119 59 21″
r′ sur y	178 32
s sur u	160 32
s sur x ou s′ sur x′	150 13
s′ sur z′	151 7
u sur x	173 35
u sur z	131 58
u′ sur z′	151 16
x sur z	125 11
x′ sur z	148 42

ZIRCON.

Incidence de	
P sur P	124ᵈ12′
P sur P′	83 38
P sur l	131 49
P sur s	117 48
P sur t	152 6
P sur u	152 8
P sur x	150 5
l sur l	90 0
l sur s	135 0
l sur u	159 17

ZIRCON.

Incidence de	
l sur *x*	142ᵈ 55'
s sur *s*	90 0
s sur *x*	147 43

CYMOPHANE.

Incidence de	
M sur P	90ᵈ 0'
M sur T	90 0
M sur *f*	117 56
M sur *i*	90 0
M sur *n*	128 43
M sur *o*	136 41
M sur *s*	125 16
M sur *z*	136 41
P sur T	90 0
T sur *f*	116 12
T sur *i*	120 0
T sur *n*	126 8
T sur *o*	110 3
T sur *s*	144 44
T sur *z*	133 19
i sur *i*	120 0
i sur *o*	133 19
n sur *o*	163 53

GRENAT.

Incidence de	
P sur P	120ᵈ 0' 0"
P sur *c*	161 32 55
P sur *n* ou sur *n'*	150 0 0
P sur *s*	160 53 36
c sur *n'*	155 54 48
n sur *n* ou *n'* sur *n'*	131 48 36
n sur *n'*	146 26 33
n sur *s*	169 6 24

STAUROTIDE.

Incidence de	
M sur M	129ᵈ 30'
M sur la face M de retour	50 30
M sur P	90 0
M sur *o*	115 15
M sur *r*	137 57
P sur *o*	90 0
P sur *r*	125 16

PINITE.

Incidence de	
M sur M	120ᵈ 0'
M sur P	90 0
M sur *o*	150 0
M sur *s*	138 11
P sur *s*	131 49

DISTHÈNE.

Incidence de	
M sur P	106ᵈ 55'
Le pan parallèle à M sur P	73 5
M sur T	106 6
M sur la face opposée à T	73 54
M sur *k*	158 56
M sur *l*	145 17
M sur *o*	130 53
M sur *s*	106 55
M sur *u*	114 32
M sur *z*	90 0
P sur T	94 38
P sur le pan opposé à T	85 22
T sur *k*	127 10
T sur *l*	140 49
T sur *u*	121 16
Le pan opposé à T sur *o*	123 1
Le même pan sur *r*	118 44
x sur l'arête *e*	125 6

AMPHIBOLE.

Incidence de

M sur M	124^d 34′
M sur P ou sur *p*	103 13
La face opposée à M sur K	129 50
M sur *n*	129 50
M sur *l*	110 2
La face opposée à M sur *r*	110 2
M sur *s*	152 17
M sur *x*	117 46
M sur y	103 13
P sur *l*	164 49
P sur *s*	104 57
P sur l'arête *u*	104 57
c sur *x*	129 8
i sur *x*	129 8
h sur *k*	155 4
k sur *x*	102 22
l sur *l*	149 38
l sur *x*	105 11
n sur *n*	155 4
n sur *x*	102 22
P sur y	150 6
P sur l'arête opposée à *u*	104 57
r sur *r* ou *r′* sur *r′*	149 38
r sur *x*	105 11
Le pan opposé à *s* sur *t*	110 14
x sur *z*	118 28
y sur l'arête *u*	104 57
L'arête *i* sur celle qui est opposée à *u*	104 57

PYROXÈNE.

Incidence de

M sur M	87^d 42′
M sur le pan de retour	92 18

PYROXÈNE.

Incidence de

M sur P	101^d 5′
M sur la face opposée à P	78 55
Le pan opposé à M sur *c*	121 48
M sur *f*	152 59
Le pan opposé à M sur *i*	95 40
M sur *l*	136 9
M sur *n*	90 0
M sur o	145 9
M sur *r*	133 51
M sur *s*	121 48
Le pan opposé à M sur *s*	101 12
M sur *t*	101 5
M sur *v*	145 9
M sur *x*	133 21
M sur *z*	132 10
M sur y	121 7
M sur λ	156 3
P sur c	137 7
P sur *l*	90 0
P sur *r*	106 6
P sur *s*	150 0
P sur *t*	147 48
P sur *v*	113 56
P sur λ	102 52
c sur c	120 0
c sur *s*	152 12
f sur *r*	160 52
i sur *i*	81 46
i sur *l*	139 7
i sur la face opposée à *r*	98 18
k sur *l*	109 28
k sur *r*	146 19
l sur *n*	90 0
l sur o	132 16

PYROXÈNE.

Incidence de

l sur *r* .... 90^{d} $0'$
l sur *s* 120 0
l sur *u* 114 26
l sur *v* 132 16
l sur *x* 114 26
l sur *y* 104 35
l sur *λ* 135 46
n sur *r* 90 0
o sur *o* 95 28
o sur *r* 118 59
o sur *s* 156 59
o sur la face adjacente opposée à *u* 112 0
r sur *s* 105 54
r sur *t* 106 6
r sur *u* 126 36
r sur *v* 118 59
r sur *x* 126 36
r sur y 60 0
Le pan opposé à *r* sur y 120 0
r sur *μ* 115 59
s sur *s* 120 0
s sur *u* 129 30
s sur *x* 157 18
s sur *λ* 149 2
u sur *u* 131 8
v sur *v* 95 28
v sur *λ* 169 6
x sur *x* 131 8
z sur *z* 81 46
y sur *y* 150 50
ζ sur *ζ* 87 42
ζ sur la face de retour 139 26
ϑ sur *ϑ* 87 2
ϑ sur la face de retour 139 26

PYROXÈNE.

Incidence de

ϑ sur *μ* .... 143^{d} $7'$
μ sur le pan de retour 128 40
λ sur *λ* 88 28

GADOLINITE.

Incidence de

M sur M .... 109^{d} $28'$
M sur *l* 143 12
M sur *r* 125 16
M sur *s* 160 52
l sur *l* 142 8
l sur *r* 108 50
l sur *s* 161 4
r sur *s* 90 0
r sur *u* 144 44
s sur l'arête *z* 136 41

HYPERSTHÈNE.

Incidence de

M sur M .... 81^{d} $48'$
M sur la face M de retour 98 12
M sur P 90 0
M sur *r* 130 54
M sur *x* 139 8
g sur *g′* 133 10
g sur *r* 113 24
r sur *x* 90 0

PÉRIDOT.

Incidence de

M sur P .... 90^{d} $0'$
M sur T 90 0
M sur *d* 141 40
M sur *n* 155 54
M sur *s* 119 13

PÉRIDOT.

Incidence de

P sur *d*	128° 20'
P sur *n*	125 50
P sur *h*	160 31
P sur *k*	151 29
T sur *h*	119 29
T sur *k*	138 31
T sur *n*	114 6
T sur *s*	131 49
T sur *z*	150 47
e sur *n*	144 10
n sur *s*	162 17

CONDRODITE.

Incidence de

M sur P	112° 12'
Du pan opposé à M sur P	67 48
M sur T	90 0
T sur *n*	106 6
T sur *r*	161 30
n sur *n*	147 48
n sur *r*	161 44
r sur *r*	157 0

ÉMERAUDE.

Incidence de

M sur M	120° 0' 0"
M sur P	90 0 0
M sur *n*	150 0 0
M sur *s*	127 45 40
M sur *t*	120 0 0
M sur *u*	139 6 23
P sur *n*	90 0 0
P sur *s*	135 0 0
P sur *t*	150 0 0
P sur *u*	130 53 37
n sur *n*	120 0 0

ÉMERAUDE.

Incidence de

n sur *s*	135° 0' 0"
s sur *t*	156 42 59
s sur *u*	157 47 52
t sur *t*	151 2 40
t sur *u*	160 53 37
u sur *u*	135 35 4

EUCLASE.

Incidence de

P sur M	130° 8'
T sur *d*	104 2
T sur *f*	126 51
T sur *i*	130 12
T sur *l*	113 18
T sur *n*	108 25
T sur *o*	125 40
T sur *r*	101 55
T sur *s*	122 51
c sur *c'*	129 58
d sur *d'*	151 55
f sur *f'*	106 18
f sur *s*	139 21
f sur *y*	142 3
h sur *h'*	149 52
h sur *r*	142 38
i sur *i'*	99 40
i sur *s*	148 36
i sur *u*	162 43
l sur *l'*	133 24
n sur *n'*	143 10
o sur *o'*	112 40
r sur *r'*	156 10
s sur *s'*	114 18
s sur *u*	144 54
u sur *u'*	154 14

IDOCRASE.

Incidence de

M sur M	90^d 0′
M sur P	90 0
M sur *c*	115 15
M sur *d*	135 0
M sur *h*	153 27
M sur *o*	118 8
M sur *s*	144 44
M sur *x*	152 3
M sur *z*	153 18
P sur *c*	142 54
P sur *d*	90 0
P sur *h*	90 0
P sur *n*	165 51
P sur *o*	151 52
P sur *r*	108 18
P sur *z*	129 55
c sur *c*	129 30
c sur *d*	127 6
c sur *n*	157 3
c sur *o*	154 45
c sur *r*	145 24
c sur *s*	150 31
c sur *x*	143 12
c sur *z*	161 57
d sur *h*	161 33
d sur *n*	104 9
d sur *r*	161 42
o sur *s*	152 48
r sur *s*	152 58
r sur *x*	150 55
r sur *z*	153 30
s sur *s*	148 24
s sur *s′*	134 42
s sur *x*	172 41
s sur *z*	168 34

IDOCRASE.

Incidence de

x sur *x*	164^d 28′
x sur *x′*	124 6
z sur *z*	139 52
z sur *z′*	151 54

AXINITE.

Incidence de

M sur T	101^d 32′
P sur M	90 0
P sur T	90 0
P sur *l*	153 26
P sur *o*	105 57
P sur *r*	135 0
P sur *s*	150 7
P sur *u*	140 11
P sur *x*	136 14
P sur *z*	118 34
r sur *s*	142 51
r sur *u*	118 54
r sur *z*	161 34
s sur *u*	154 3
s sur *x*	166 7

ÉPIDOTE.

Incidence de

M sur P	90^d 0′
M sur T	114 37
Le pan de retour sur T	65 25
M sur *h*	140 39
M sur *i*	163 31
M sur *k*	150 5
M sur *l*	88 44
M sur *o*	121 23
M sur *r*	116 40
M sur *s*	145 37
P sur *e*	125 5
P sur *h*	129 21

ÉPIDOTE.

Incidence de	
P sur o	148^d 37′
P sur n	144 35
P sur u	125 35
P sur z	145 3
T sur h	144 30
T sur l	154 7
T sur u	144 25
T sur z	104 57
e sur r	144 55
l sur y	141 48
l sur q	122 26
n sur n	109 10
n sur r	125 25
r sur z	151 3
z sur z	110 6

WERNÉRITE.

Incidence de	
M sur M	90^d 0′
M sur o	121 28
M sur r	135 0
o sur o	136 38

PARANTHINE.

Incidence de	
M sur M	90^d 0′
M sur P	90 0
M sur r	110 44
M sur s	135 0
P sur s	90 0
r sur r	138 12
r sur z	120 0

ANTHOPHYLLITE.

Incidence de	
M sur M	73^d 44′
M sur la face M de retour	106 16

ANTHOPHYLLITE.

Incidence de	
M sur P	90^d 0′
M sur o	107 9
M sur e	126 52
o sur o′	121 36
o sur e	119 52

PREHNITE.

Incidence de	
M sur M	102^d 40′
M sur la face de retour	77 20
M sur P	90 0
M sur h	141 20
M sur l	128 40
M sur n	105 5
M sur o	127 5
P sur n	155 23
P sur o	105 16
n sur la face de retour	43 14
o sur o	149 28

CORDIÉRITE.

Incidence de	
M sur M	120^d 0′
M sur P	90 0
M sur e	150 0
M sur c	136 9
P sur c	133 51
c sur c	137 44

TOURMALINE.

Incidence de	
P sur P′	133^d 26′
P sur la face de retour	46 34
P sur [illegible]	152 51
P sur t	117 9
P sur n	156 43
P sur o	141 40

TOURMALINE.

Incidence de	
P sur *r*	143d 8'
P sur *s*	113 18
P sur *t*	151 5
P sur *u*	138 12
P sur *x* ou sur *x'*	158 25
g sur *k*	165 36
g sur *l'*	104 24
h ou *h'* sur *s*	160 53 57"
h sur *l'* ou *h'* sur *l*	169 6 28
k sur *l* ou sur *l'*	90 0
k sur *n*	165 36
k sur *s*	90 0
k sur *z*	152 51
l sur *l'*	120 0
l sur *n*	104 24
l sur *o*	135 44
l' sur *r*	154 1
l ou *l'* sur *s*	150 0
l sur *z*	117 9
n sur *n*	155 9
n sur *o*	148 40
n' sur *p*	156 43
n sur *s*	102 26
o sur *o*	103 20
s sur *s*	120 0
s sur *t*	142 8
s sur *u*	165 1
t sur *t*	149 26
t sur *t'*	116 22
u sur *u*	114 4
u sur *u'*	137 26
x sur *x*	158 48
x sur *x'*	156 50

MÉIONITE.

Incidence de	
M sur M	90d 0'
M sur *l*	111 49
M sur *s*	135 0
M sur *t*	113 34
M sur *x*	153 26
M sur *z*	140 11
l sur *l*	136 22
l sur *s*	121 45
l sur *t*	158 11
l sur *z*	161 38
s sur *x*	181 34
z sur *z*	150 18

FELDSPATH.

Incidence de	
M sur P	90d 0'
M sur T	120 0
M sur *l*	120 0
M sur *n*	135 0
M sur *q*	90 0
M sur *r*	116 20
M sur *x*	90 0
M sur *y*	90 0
M sur *z* ou sur *z'*	150 0
P sur T	68 20
P sur la face opposée à T	111 40
P sur *l*	111 40
P sur le pan opposé à *l*	68 20
P sur *n*	135 0
P sur *o*	124 10
P sur *s* ou sur *s'*	124 10
P sur *x*	128 51
P sur *y*	99 23
T sur *k*	150 0
T sur *l*	60 0

FELDSPATH.

Incidence de	
T sur s′	150d 0′
k sur l	180 0
l sur s	150 0
y sur x	164 40
L'arête u sur l'arête y	90 0

MICA.

Incidence de	
M sur P	90d 0′
M sur x′ et x sur r	170 52
P sur x′ et x	99 28
l sur o	142 20
l sur r	127 58

HARMOTOME.

Incidence de	
P sur P	121d 57′ 56″
P sur P′	86 36 0
o sur o	90 0 0
s sur s	123 41 24
Valeur de l'angle r	72 5 54

LAUMONITE.

Incidence de	
M sur M	98d 12′
M sur M de retour	81 48
M sur P	109 59
M sur l	139 6
M sur u	140 30
M sur s	130 54
P sur P	117 2
r sur l'arête r	121 29
P sur l	90 0
P sur s	121 29
l sur x	90 0

STILBITE.

Incidence de	
M sur P	90d 0′
M sur T	90 0
M sur h	126 31
M sur l	129 14
M sur r	123 55
M sur s	90 0
M sur u	115 0
M sur x	139 41
M sur z	112 13
P sur T	90 0
P sur l	140 46
P sur r	133 3
T sur h	109 41
T sur l	90 0
T sur r	118 14
T sur s	114 48
T sur n	131 32
T sur x	130 19
r sur r	123 30
r sur r′	112 14
s sur s	130 24
z sur z	135 34

CHABASIE.

Incidence de	
P sur P	93d 48′
P sur la face de retour	86 12
P sur n	136 54
P′ sur r	120 47
P sur x′	178 34
n sur r	143 69
x′ sur x′	96 40
x sur x′	178 2

ANALCIME.

Incidence de

P sur P	90^d 0' 0"
P sur *o*	144 44 8
o sur *o'*	131 48 36
o sur *o*, *o'* sur *o'*	146 26 33

MÉSOTYPE.

Incidence de

M sur M	93^d 22'
M sur le pan de retour	86 38
M sur *o*	116 52
M sur *r*	133 19
o sur *o*	144 16
o sur *o'*	142 0
o sur *r*	107 52

APOPHYLLITE.

Incidence de

M sur M	90^d 0'
M sur P	90 0
M sur *n*	165 58
M sur *l*	153 26
M sur *s*	127 59
P sur *f*	111 48
P sur *h*	103 41
P sur *k*	149 29
P sur *o*	107 33
P sur *s*	119 30
P sur *u*	135 0
f sur *f'*	136 24
h sur *h'*	140 38
k sur *k'*	61 2
l sur *l'*	143 8
n sur l'arête *s*	149 2
o sur *o*	144 54
s sur *s*	104 2
s sur *s'*	121 0

APOPHYLLITE.

Incidence de

u sur *u'*	90^d 0'
L'arête *p* sur l'arête *r*	108 26
L'arête *r* sur l'arête *r*	153 26

ARGENT SULFURÉ.

Incidence de

n sur *n*	109^d 28' 16"
r sur *n*	135 15 52
s sur *s*	120 0 0
s sur *r*	153 26 5

ARGENT ANTIMONIÉ SULFURÉ.

Incidence de

P sur P	109^d 28'
P sur P'	70 52
P sur *g*	130 54
P sur *h*	150 50
P sur *n*	125 16
P sur *x*	144 44
c sur *c*	134 0
c sur *c'*	165 2
c sur *z*	157 0
f sur *f*	130 18
f sur *f'*	111 52
g sur *g*	81 48
h sur *h*	144 54
h sur *h'*	105 48
h et *h'* sur *i*	142 59
k sur *n*	150 0
l sur *l*	160 48
l sur *l'*	141 2
m sur *m*	137 52
m sur *m'*	91 50
m sur *r*	161 45
n sur *n*	120 0
n sur *o*	90 0

ARGENT ANTIMONIÉ SULFURÉ.

Incidence de

r sur r........................ 126^{d} 30'
r sur r'........................ 128 20
s sur s........................ 158 12
x sur x........................ 131 16
x sur x'........................ 151 20
z sur z........................ 158 35

MERCURE ARGENTAL.

Incidence de

P sur P........................ 120^{d} 0' 0"
P sur l........................ 160 53 26
P sur r........................ 144 44 8
P sur s........................ 150 0 0
P sur t........................ 153 26 6
P sur z........................ 135 0 0
l sur l........................ 158 12 48
l sur s........................ 169 6 24
r sur s........................ 160 31 44
r sur z........................ 144 44 8
t sur z........................ 161 33 54

MERCURE SULFURÉ.

Incidence de

P sur P........................ 71^{d} 48'
P sur P'........................ 108 12
P sur k........................ 157 20
P sur l........................ 159 18
P sur o........................ 110 42
P sur z........................ 152 8
k sur o........................ 133 22
l sur o........................ 90 0
l sur r........................ 142 55
l sur z........................ 131 26
o sur r........................ 127 5
o sur u........................ 148 31

MERCURE SULFURÉ.

Incidence de

o sur z........................ 138^{d} 34'
r sur r........................ 92 28
r sur z........................ 168 31
u sur z........................ 172 3
z sur z........................ 110 6

PLOMB SULFURÉ.

Incidence de

P sur P........................ 90^{d} 0' 0"
P sur c........................ 125 15 52
P sur n........................ 144 44 8
P sur o........................ 135 0 0
P sur z........................ 154 45 38
c sur c........................ 109 28 16
c sur l........................ 164 12 24
c sur n........................ 160 31 44
c sur o........................ 154 44 8
c sur r ou sur r'........................ 138 31 38
c sur z........................ 150 30 14
l sur l........................ 141 3 28
l sur o........................ 160 31 44
r sur r ou r' sur r'........................ 153 28 28
r sur r'........................ 161 19 42

PLOMB CHROMATÉ.

Incidence de

M sur M........................ 93^{d} 0'
M sur le pan de retour........................ 87 0
M sur P........................ 80 33
P sur l'arête H........................ 103 18
M sur f........................ 136 30
M sur r........................ 165 49
M sur t........................ 145 26
n sur n........................ 101 44
n sur le pan opposé à M........................ 124 51

PLOMB CHROMATÉ.

Incidence de	
r sur *r*	64^{d} 38'
r sur le pan de retour	115 22
t sur *t*	119 52

PLOMB CARBONATÉ.

Incidence de	
M sur M	62^{d} 56'
M sur le pan de retour	117 4
M sur *l*	121 28
M ou *l* sur *h*	90 0
M sur *t*	143 33
P sur P	70 30
P sur *l*	125 15
e sur *g*	118 34
e sur *l*	151 26
g sur *l*	90 0
g sur *y*	120 0
k sur *t*	156 27
k sur *u*	125 16
k sur *x*	116 20
k sur *z*	109 29
k sur *y*	150 0
l sur *s*	109 29
l sur *x*	153 40
l sur *u*	144 44
t sur *t'*	107 6
u sur *u'*	109 28
x sur *x*	127 20
y sur l'arête *z*	120 0

PLOMB PHOSPHATÉ.

Incidence de	
P sur P	110^{d} 55'
P sur P'	69 5
P sur *n*	130 53

PLOMB PHOSPHATÉ.

Incidence de	
P et *s* sur *o*	139^{d} 7'
n sur *n*	120 0
n sur *t*	150 0
n' sur *s*	130 53
Angle plan du sommet	105 14

PLOMB MOLYBDATÉ.

Incidence de	
P sur P'	76^{d} 40'
P sur son analogue situé de l'autre côté	103 20
P sur P" ou sur P	128 0
P sur *g*	141 40
P sur *h*	128 20
P sur *l*	118 0
P sur *s*	148 11
g sur *h*	90 0
g sur *l*	90 0
g sur *b*	140 1
h sur *h*	90 0
h sur *r*	168 41
l sur *o*	129 59
o sur *o*	79 58
r sur *r*	112 58
s sur *s*	116 22
s sur *s'*	98 22

PLOMB SULFATÉ.

Incidence de	
P sur P'	114^{d} 51'
P sur P"	76 12
P' sur P"	101 52
P" sur *l*	155 15
P sur *v*	141 54
P" sur *o*	129 14
P sur *s*	154 17

PLOMB SULFATÉ.

Incidence de
P' sur s .... 141^d 40'
l sur o 135 55
l sur s 166 25

CUIVRE GRIS et CUIVRE PYRITEUX.

Incidence de
P sur P .... 70^d 31' 44"
P sur e 109 28 16
P sur f 125 15 44
P sur l 160 31 44
P sur o 144 44 10
o sur o 144 44 8
f sur l 144 44 8
l sur l 109 28 16
l sur l' 146 26 33
l sur o et o sur r 150 0 0
o sur o 120 0 0
r sur r 146 28 33
r sur l'arête n 144 44 14

CUIVRE SULFURÉ.

Incidence de
M sur t .... 154^d 14'
P sur t 115 46
P sur h 134 1
P sur r 145 23
h sur h 137 50
h sur h' 91 58
r sur r 147 0
t sur t 126 28
t sur t' 128 38

CUIVRE OXIDULÉ.

Incidence de
P sur P .... 109^d 28' 16"
P sur k 125 15 50

CUIVRE OXIDULÉ.

Incidence de
P sur r .... 144^d 44' 8"
i sur i 90 0 0

CUIVRE HYDRO-SILICEUX.

Incidence de
M sur M .... 103^d 20'
M sur d 114 48
M sur r 141 40
d sur r 122 19

CUIVRE DIOPTASE.

Incidence de
P sur P .... 123^d 58' 0"
P sur P' 56 2 0
r sur r 93 35 0
r sur s 133 12 30
s sur s 120 0 0

CUIVRE CARBONATÉ.

Incidence de
M sur M .... 97^d 46'
M sur la face M de retour 82 14
M sur P 127 52
M de retour sur P 120 44
M sur n 95 22
M de retour sur h 84 38
M sur i 113 17
M de retour sur i 103 21
M sur k 157 16
M sur n 158 46
M sur r 131 7
M sur s 138 55
M sur u 126 14
M sur x 128 9
P sur P 63 16
P sur la face P' inférieure 116 44

CUIVRE CARBONATÉ.

Incidence de	
P sur *h*	121° 38′
L'arête G sur l'arête G	97 7
h sur *k*	107 22
h sur *i*	151 54
h sur *l*	152 44
h sur *n*	118 36
h sur *u*	136 39
h sur *s*	97 7
h sur y	133 9
i sur *i*	123 8
k sur *k*	111 50
n sur *n*	107 54
s sur y	143 58
u sur *u*	127 58
x sur *x*	114 36

CUIVRE SULFATÉ.

Incidence de	
M sur P	109° 32′
M sur T	124 2
P sur T	128 37
M sur *u*	154 20
M sur *r*	126 11
P sur *h*	127 55
P sur *i*	117 40
P sur la face opposée à *u*	126 11
P sur *x*	125 20
P sur y	158 16
T sur *l*	157 58
T sur *n*	149 42
r sur le pan opposé à T	109 47
r sur *i*	139 6
r sur le pan opposé à *l*	132 9
r sur *z*	122 22

FER OXIDULÉ.

Incidence de	
P sur P	109° 28′ 16″
P sur *l*	144 44 8
l sur *l*	120 0 0

FER OLIGISTE.

Incidence de	
P sur P	87° 9′
P sur P′	92 51
P sur g	166 25
P sur *h*	160 5
P sur *l′* ou P′ sur *l*	113 32
P sur *n*	154 13
P sur o	123 14
P sur *r*	146 46
P sur *s*	144 8
P sur *u*	128 39
g sur g	108 6
g sur *h*	173 40
g sur *n*	167 48
h sur *n*	174 8
k sur *k*	120 0
k sur *n*	150 26
n sur *n*	128 26
n sur *n′*	122 52
n sur o	119 54
n sur y	138 55
o sur *r*	90 0
o sur *t*	100 42
o sur *z*	90 0
s sur *s*	144 0
s sur *s′*	36 0
t sur *t*	121 8
t sur *t′*	138 36
y sur l'arête *r*	146 47

FER ARSENICAL.

Incidence de	
M sur M	111° 18′
M sur la face de retour	68 42
M sur P	90 0
M sur *g*	154 30
M sur *l*	115 52
M sur *n*	124 21
g sur *g*	118 46
g sur la face de retour	83 46
g sur *g′*	129 0
g sur *l*	151 48
l sur *l*	80 24
l sur la face du même côté, vers le sommet inférieur	39 36
l sur *r*	148 41
l sur *z*	160 49
r sur *r*	147 2
r sur l'arête verticale adjacente	106 29
z sur *z*	118 46

FER SULFURÉ.

Incidence de	
M sur *d*	125° 15′ 52″
M sur *e*	153 26 5 50
M sur *h*	165 57 49
M sur *h′*	104 2 11
M ou P sur *o*	144 44 8
M sur *y′* ou M′ sur *y*	146 18 38
P sur *d*	152 15 52
P sur *f′* ou M sur *f*	143 18 2
P sur *h′*	165 57 49
P sur *n*	144 44 8
P sur *s′*, M sur *s* ou M′ sur *s″*	150 47 40
P sur *y′*	146 18 38
d sur *d*	109 28 16
d sur *e*	140 46 7
d sur *f*	157° 47′ 33″
d sur *h*	164 12 24
d sur *n*	160 31 44
d sur *o*	160 31 44
d sur *x*	144 44 8
e sur *e*	126 52 12
e sur *e′* ou sur *e″*	113 34 41
e sur *f*	162 58 34
e sur *n*	169 19 46
e sur *s*	167 23 4
e sur *x*	161 33 24
e sur *y*	172 52 32
f sur *f* ou *f′* sur *f″*	141 47 12
f sur *f′*, ou *x*	143 59 50
f sur *o* ou *f′* sur *o′*	150 47 40
f sur *s*, *f′* sur *s′* ou *f″* sur *s″*	139 18 13
f sur *y*	164 29 55
n sur *n*	160 32 12
n sur *f*	173 38 49
n sur *r*	144 44 8
o′ sur *o″* ou *o″* sur *o′*	131 48 36
o ou *o′* sur *o″*	146 26 33
o′ sur *s*, *o* sur *s′* ou *o″* sur *s′*	168 30 53
o sur *z*	169 58 30
z sur *z*	144 54 10

FER SULFURÉ BLANC.

Incidence de	
M sur M	106° 36′
M sur P	90 0
P sur *g*	122 50
P sur *l*	130 55
g sur *g*	114 20
g sur *l*	110 48
h sur *h*	115 52

FER SULFURÉ BLANC.

Incidence de

h sur *h'*	125d 16'
h sur la face de retour	89 10
l sur *l*	98 14
r sur *r*	147 48
r ou *r'* sur *r'* (cristaux péritomes)	160 54
L'arête *ϑ* sur *ϑ*	106 36
l sur *r*	147 0
l sur *l*	126 16

FER CALCARÉO-SILICEUX.

Incidence de

M sur M	112d 36'
M sur la face M de retour	67 24
M sur P	117 20
M sur *o*	128 29
M sur *r*	90 0
M sur *s*	165 41
P sur P'	66 58
P sur *o*	159 48
P sur *r*	146 31
o sur *o*	139 36
o sur la face *o* de retour	117 38
o sur *r*	141 31
o sur *x*	144 38
r sur *r*	90 0
r sur *x*	138 36
s sur *s*	83 58
s sur la face *s* de retour	96 2
x sur l'arête *y*	131 24

FER PHOSPHATÉ.

Incidence de

M sur P	100d 1'
M sur T	90 0

FER PHOSPHATÉ.

Incidence de

M sur *r*	143d 51'
T sur *r*	126 9

FER SULFATÉ.

Incidence de

P sur P	81d 23'
P sur P'	98 37
P sur *n*	118 54
P sur *o*	123 24
P' sur *o*	155 40
P sur *r*	130 41
P sur *z*	153 10
o' sur *o'*	66 49
s sur P ou P'	139 18

ÉTAIN OXIDÉ.

Incidence de

P sur P'	67d 42' 32"
P sur P'	133 36 18
P sur *g*	156 48 0
P sur *l*	123 51 6
P sur *s*	150 52 12
P sur *z*	137 52 0
g sur *l* ou *l'*	135 0 0
g sur *r* ou *r'*	133 28 6
g sur *s*	133 29 0
g sur *z* ou *z'*	154 59 0
l sur *r* et *r'*	161 33 54
r sur *r'*	126 52 12
l' sur *r'*	143 7 48
s sur *s*	121 45 24
z sur *z*	118 19 24
z sur *z'*	159 6 58

ZINC OXIDÉ SILICIFÈRE.

Incidence de		
P sur P	120^d	$0'$
M sur T	80	4
M sur *r*	180	2
s sur *r*	115	52
Arête *z* sur *r*	90	0

ZINC SULFURÉ.

Incidence de			
P sur P	120^d	$0'$	$0''$
P sur *g*	144	44	8
P sur *s*	135	0	0
g sur *g*	70	31	44
m sur *g*	109	28	16
g sur *s*	125	15	52

ARSENIC SULFURÉ.

Incidence de		
M sur M	72^d	$18'$
M sur le pan de retour	107	42
M sur P	103	56
M sur *l*	160	52
M sur *n*	120	30
Le pan M de retour sur *n*	93	14
M sur *r*	145	51
M sur *s*	193	40
P sur *n*	159	33
P sur *z* adjacente à la même base	116	24
P sur *t* adjacente à la même base	130	58
P sur *a*	114	3
P sur l'arête H située en avant	114	6
l sur *l*	111	14
l sur *o*	145	37
o sur *z*	131	49

MANGANÈSE OXIDÉ.

Incidence de		
M sur M	102^d	$40'$
M sur le pan de retour	77	20
M sur P	90	0
M sur *g*	114	4
M sur *o*	119	20
M sur *s*	160	40
P sur *o*	147	38
g sur *g*	117	2
g sur *s*	106	4
o sur *o* ou *o'* sur *o'*	164	8
o sur *o'*	117	42
s sur *s*	64	0
s sur le pan de retour	116	0
L'arête y sur l'arête z	121	23
L'arête ε sur l'arête y	99	16

MANGANÈSE OXIDÉ HYDRATÉ.

Incidence de		
M sur P	90^d	$0'$
d sur *d*	104	28
d sur *d'*	110	0

ANTIMOINE SULFURÉ.

Incidence de		
P sur P	107^d	$56'$
P sur la face de retour	110	58
P sur P'	109	24
P sur *s*	144	42
n sur *s*	133	57
n sur *z*	90	0
o sur *s*	136	3
s sur *s*	87	54

TITANE OXIDÉ.

Incidence de		
M sur *l*	135^d	$0'$
M sur *s*	161	34

TITANE OXIDÉ.

Incidence de	
l sur *s*	$153^d 26'$
l sur *u*	122 51
r sur *r*	123 4
r sur *u*	151 52
s sur *s*	126 52

TITANE ANATASE.

Incidence de	
P sur P′	$137^d 10'$
P sur P	97 38
P sur *o*	111 25
P sur *r*	138 26
P sur *s* et P″ sur *s′*	121 4
P sur *s′* et P″ sur *s*	129 11
s sur *s′*	169 50

TITANE CALCARÉO-SILICEUX.

Incidence de	
P sur P′	$131^d 16'$
P sur P	111 11
P sur *h*	134 23
P sur *n*	145 36
P sur *r*	150 44
n sur *r*	143 59
r sur *r*	136 50
r sur *s*	155 0
r′ sur *s*	144 45
r sur *t*	169 44
r sur *y*	168 15
s sur *s*	41 46

SCHÉELIN FERRUGINÉ.

Incidence de	
M sur P et sur T	$90^d 0'$
M sur *r*	139 6
M sur *s*	116 34
T sur *r*	130 54

SCHÉELIN FERRUGINÉ.

Incidence de	
T sur *s*	$140^d 45'$
r sur *s*	147 42
r sur *u*	115 25
u sur *u*	98 12

SCHÉELIN CALCAIRE.

Incidence de	
P sur P′	$130^d 20'$
P sur *g*	140 4
g sur *g*	107 26
g sur *g′*	113 36

SOUFRE.

Incidence de	
P sur P	$107^d 18' 40''$
P sur P′	143 7 48
P sur *m*	161 33 54
P sur *n*	152 12 0
P sur *r*	108 26 6
P sur *s*	153 26 6
s sur *s*	135 0 0

DIAMANT.

Incidence de	
P sur P′	$109^d 28' 16''$
P sur *r*	125 15 52
n sur *n*	148 8 16
n sur *n″*	153 28 28
o sur *r*	135 0 0
r sur *r*	90 0 0

MELLITE.

Incidence de	
P sur P	$118^d 4'$
P sur P′	93 22
P sur *g*	120 58
P sur *o*	153 19
g sur *g*	90 [illegible]

FIN DES TABLEAUX DES MESURES D'ANGLES.

Figures Géométriques

du

Traité de Minéralogie

De M. Haüy

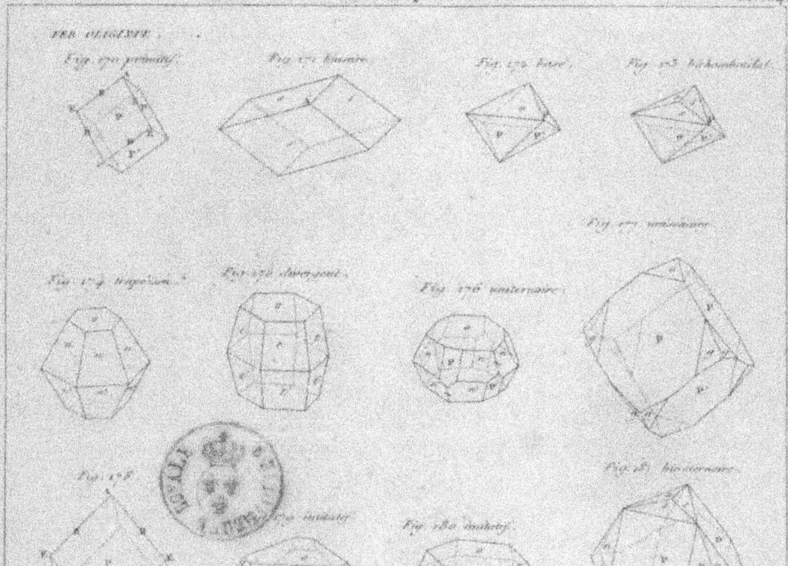

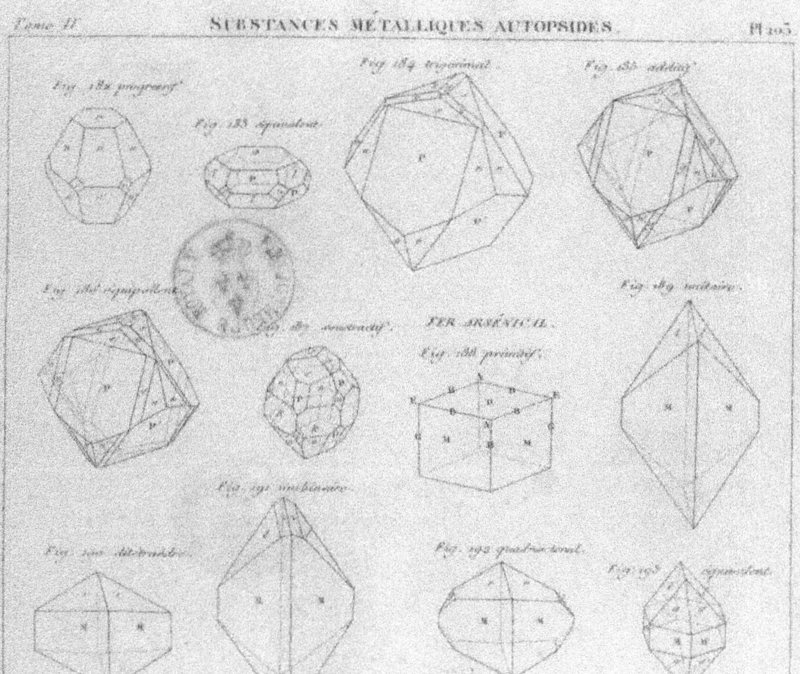
Tome II.
SUBSTANCES MÉTALLIQUES AUTOPSIDES.
Pl. 105.
FER ARSÉNICAL.

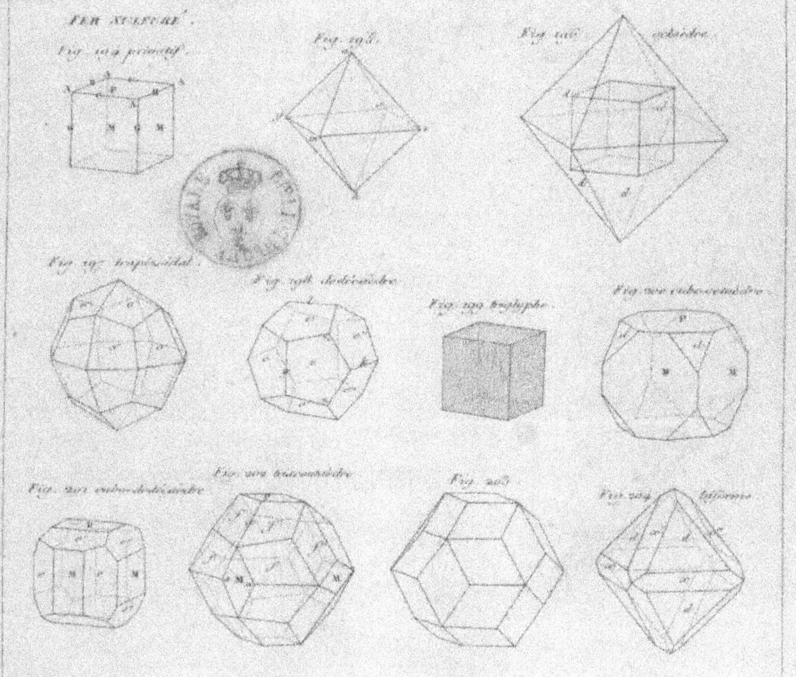
FER SULFURÉ.
Fig. 194 primitif.
Fig. 195.
Fig. 196. octaèdre.
Fig. 197 trapézoïdal.
Fig. 198 dodécaèdre.
Fig. 199 triglyphe.
Fig. 200 cubo-octaèdre.
Fig. 201 cubo-dodécaèdre.
Fig. 203.

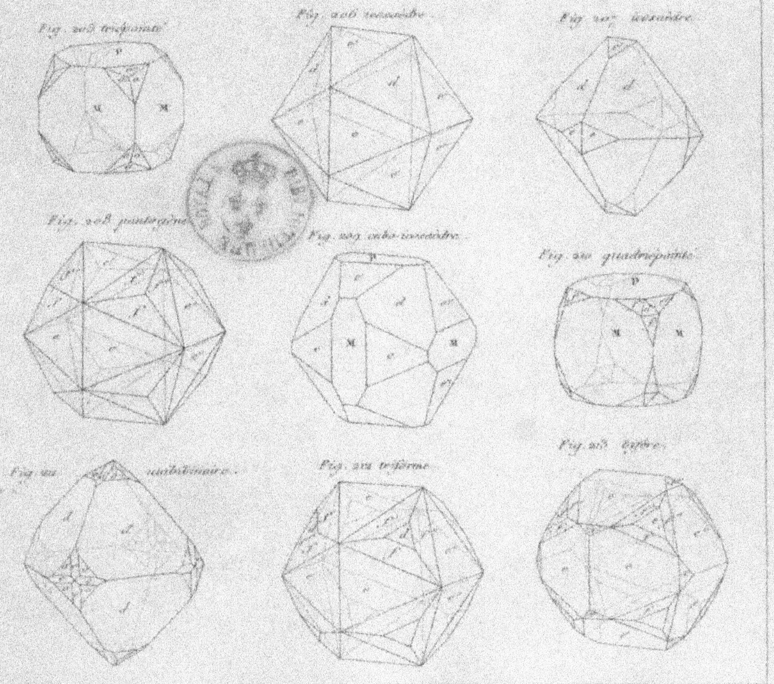

SUBSTANCES MÉTALLIQUES AUTOPSIDES.

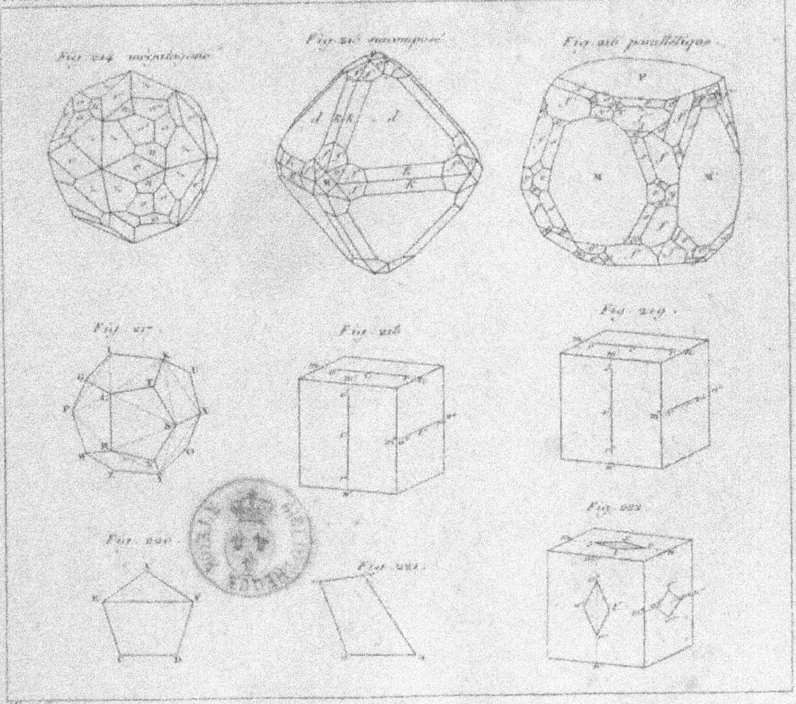

Fig. 214

Fig. 215

Fig. 216 parallélique.

Fig. 217

Fig. 218

Fig. 219.

Fig. 220

Fig. 221.

Fig. 222

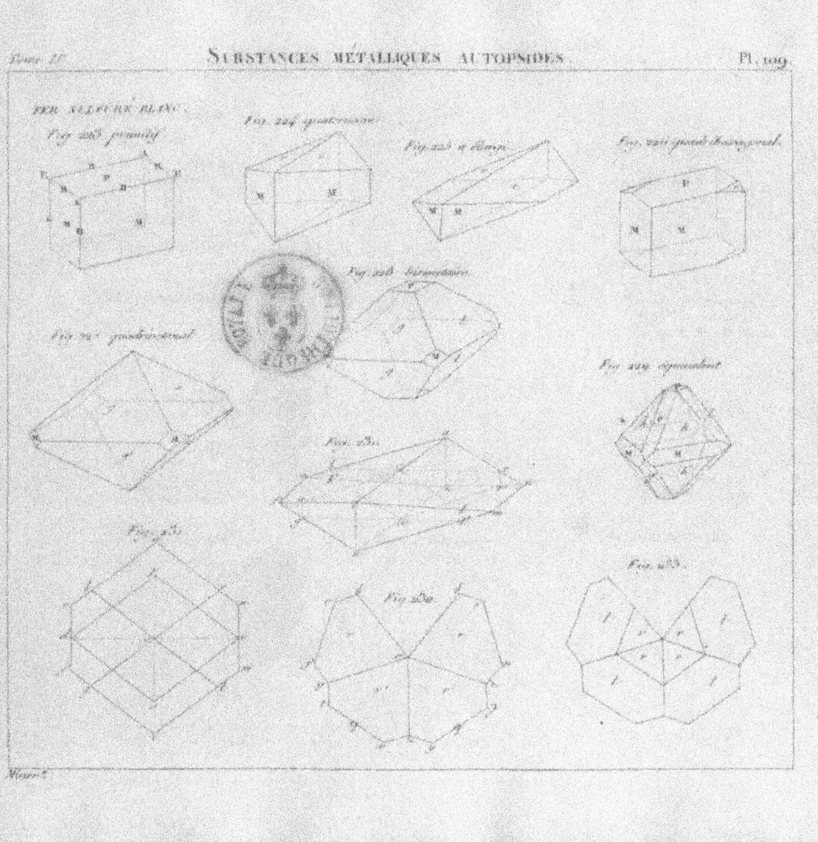

FER CALCARÉO-SILICEUX

Fig. 234 primitif

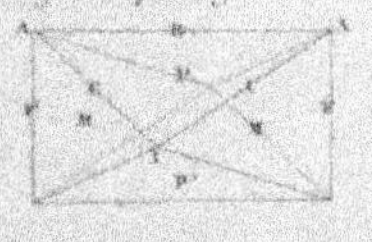

Fig. 235

Fig. 236 Noyau hypothétique.

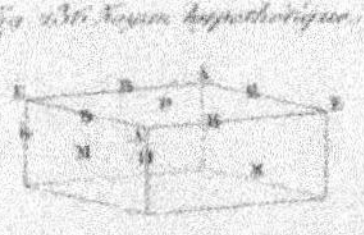

Fig. 237 primitif-cunéiforme

Fig. 238 quadrioctonal

Fig. 239 quaternaire

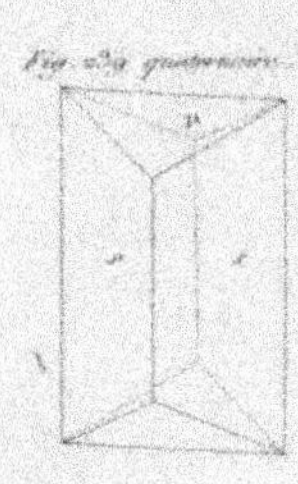

Fig. 240 quadriduodécimal

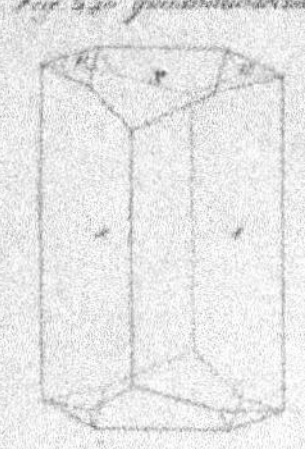

Fig. 241 trententière

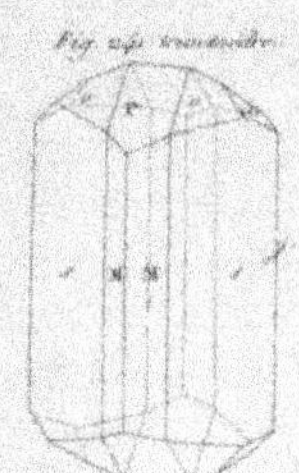

Fig. 242 monostique

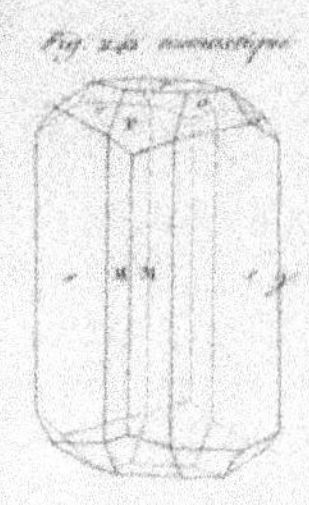

Vincent sc.

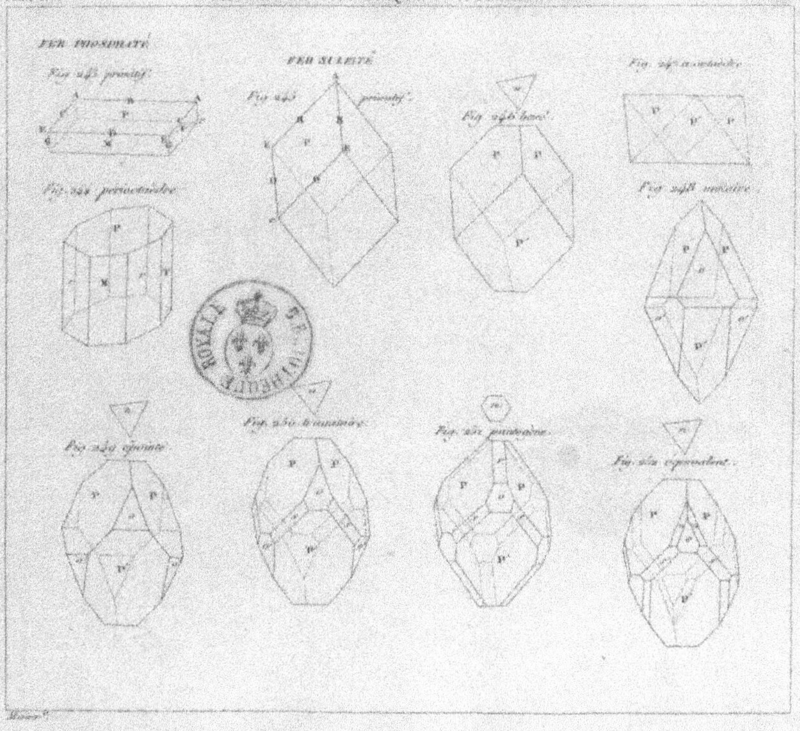

FER PHOSPHATÉ

Fig. 243 primitif.

Fig. 244 périoctaèdre.

FER SULFATÉ

Fig. 245 primitif.

Fig. 246 basé.

Fig. 247

Fig. 248 unitaire.

Fig. 249

Fig. 250

Fig. 251

Fig. 252

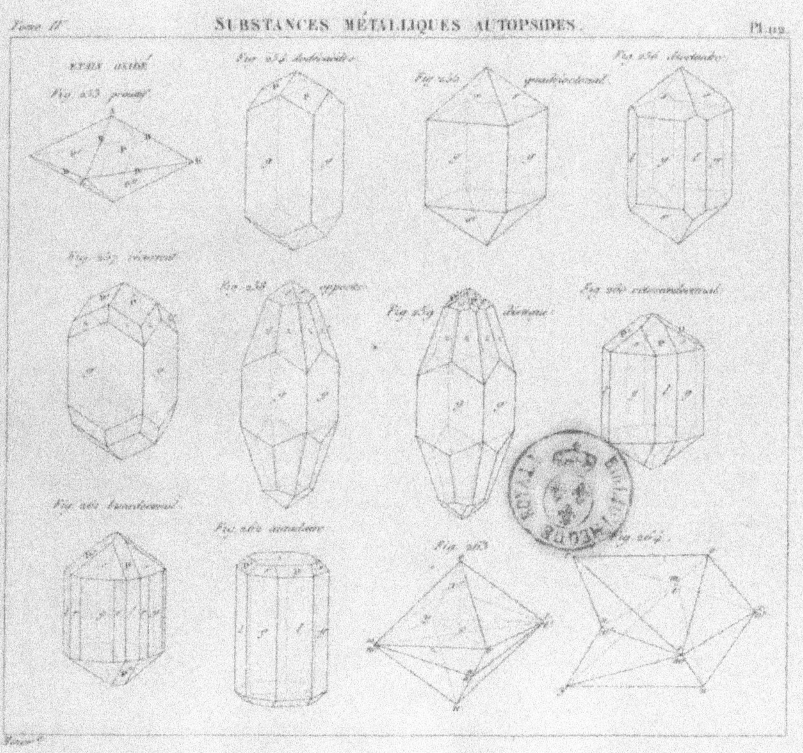
SUBSTANCES MÉTALLIQUES AUTOPSIDES.

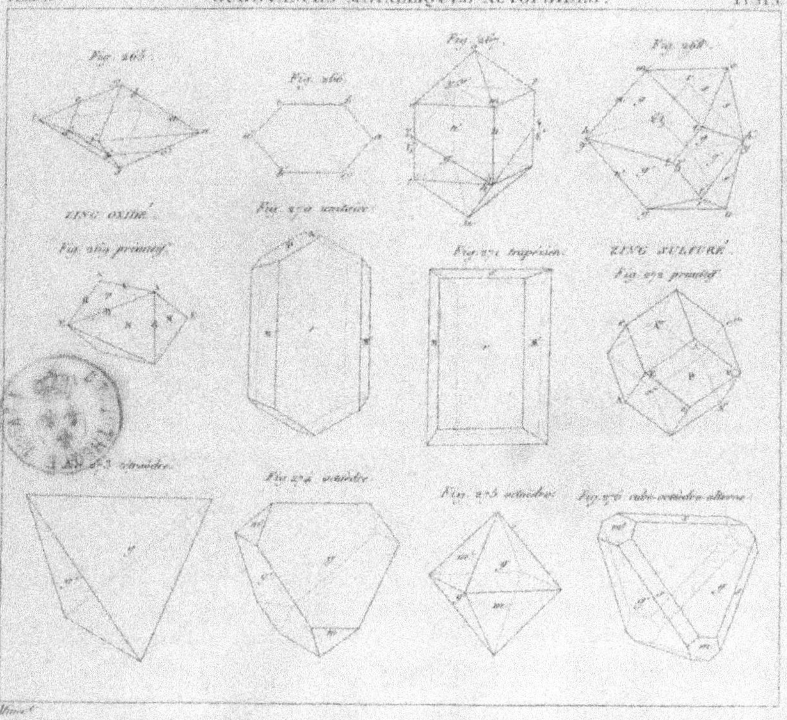

Fig. 265.

Fig. 266.

Fig. 267.

Fig. 268.

ZINC OXIDÉ.

Fig. 269 primitif.

Fig. 270 unitaire.

Fig. 271 trapézien.

ZINC SULFURÉ.

Fig. 272 primitif.

Fig. 273 tétraèdre.

Fig. 274 octaèdre.

Fig. 275 octaèdre.

Fig. 276 cubo-octaèdre alterne.

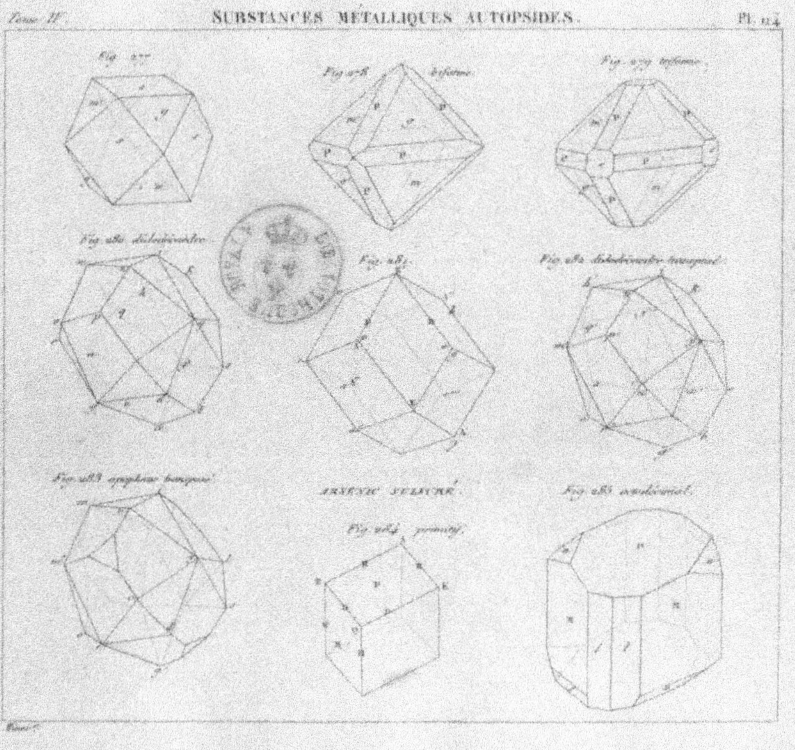
Fig. 277.
Fig. 278.
Fig. 279.
Fig. 280.
Fig. 281.
Fig. 282.
Fig. 283.
ARSENIC SULFURÉ.
Fig. 284. primitif.
Fig. 285.

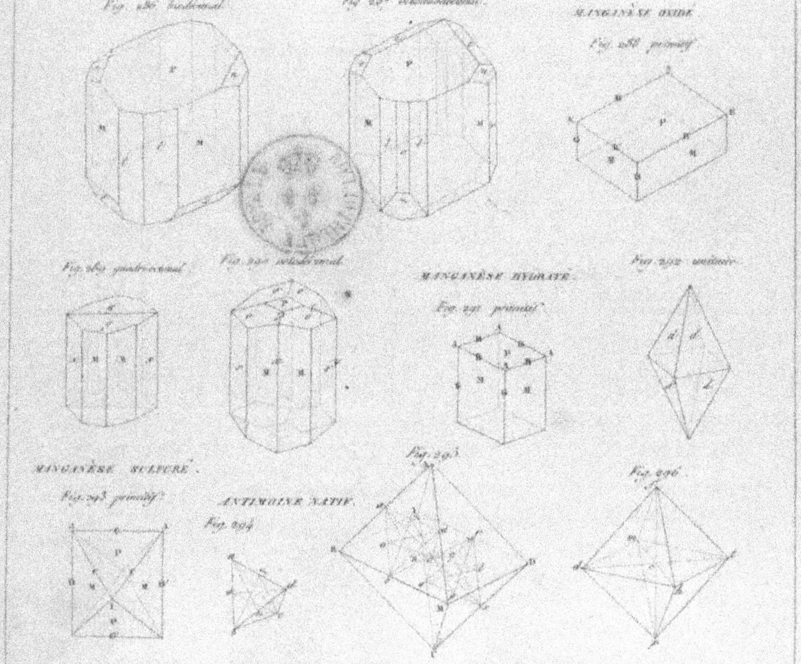
MANGANÈSE OXIDÉ.
Fig. 288 primitif.
MANGANÈSE HYDRATÉ.
Fig. 291 primitif.
Fig. 292 unitaire.
MANGANÈSE SULFURÉ.
Fig. 293 primitif.
ANTIMOINE NATIF.
Fig. 294
Fig. 295
Fig. 296

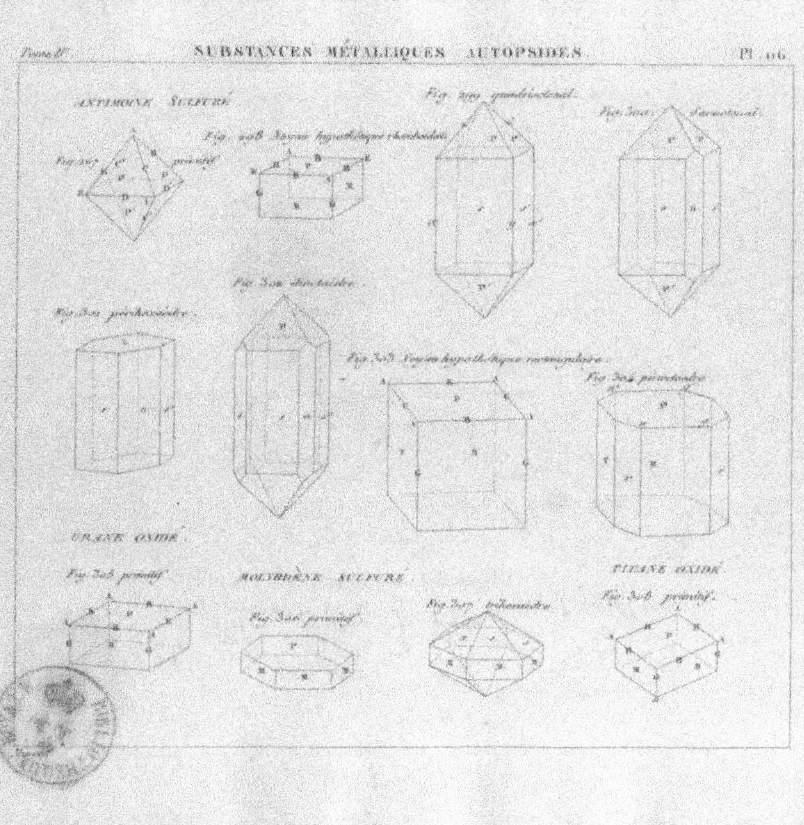
Tome IV.
SUBSTANCES MÉTALLIQUES AUTOPSIDES.
Pl. 116.
ANTIMOINE SULFURÉ.
Fig. 298 Noyau hypothétique rhomboïdal.
Fig. 303 Noyau hypothétique rectangulaire.
URANE OXIDÉ.
Fig. 305 primitif.
MOLYBDÈNE SULFURÉ.
Fig. 306 primitif.
TITANE OXIDÉ.
Fig. 308 primitif.

SUBSTANCES MÉTALLIQUES AUTOPSIDES.

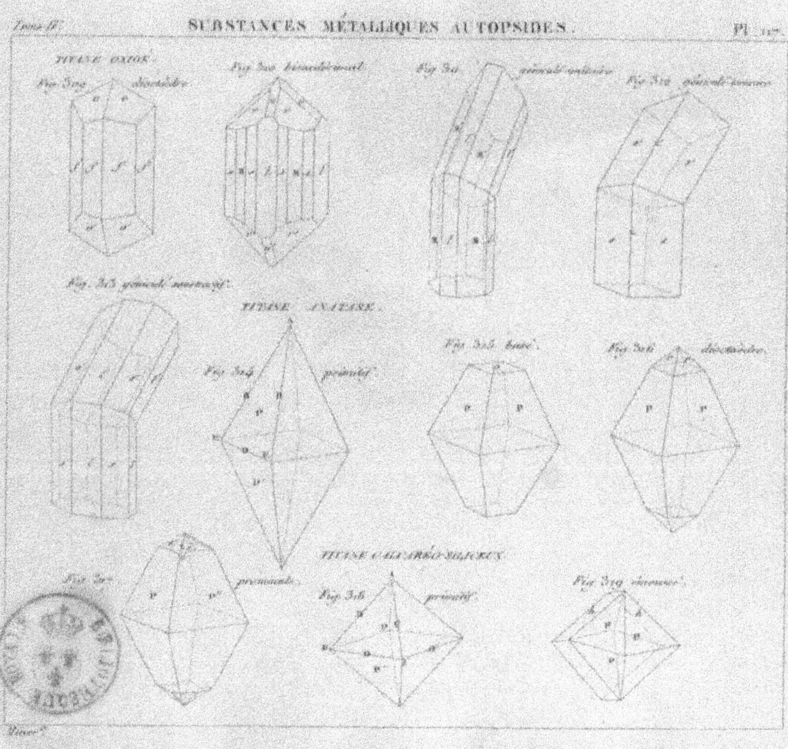

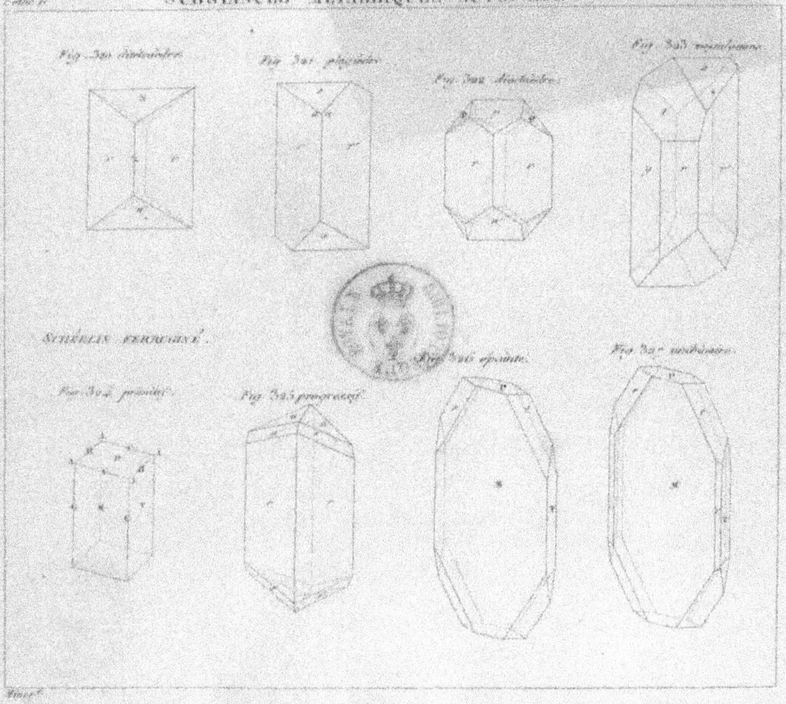

Fig. 320 dioctaèdre.

Fig. 321 plagièdre.

Fig. 322 dioctaèdre.

Fig. 323

SCHÉELIN FERRUGINÉ.

Fig. 324 primitif.

Fig. 325 progressif.

Fig. 326 épointé.

Fig. 327 unibinaire.

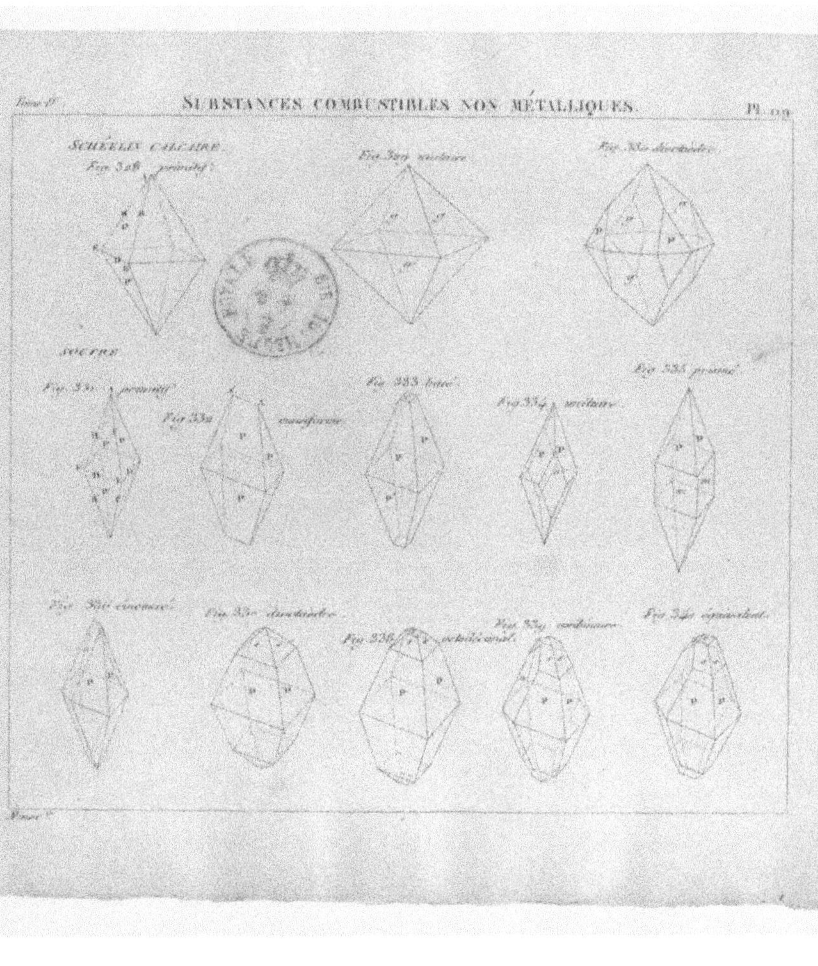
SCHÉELIN CALCAIRE
SOUFRE

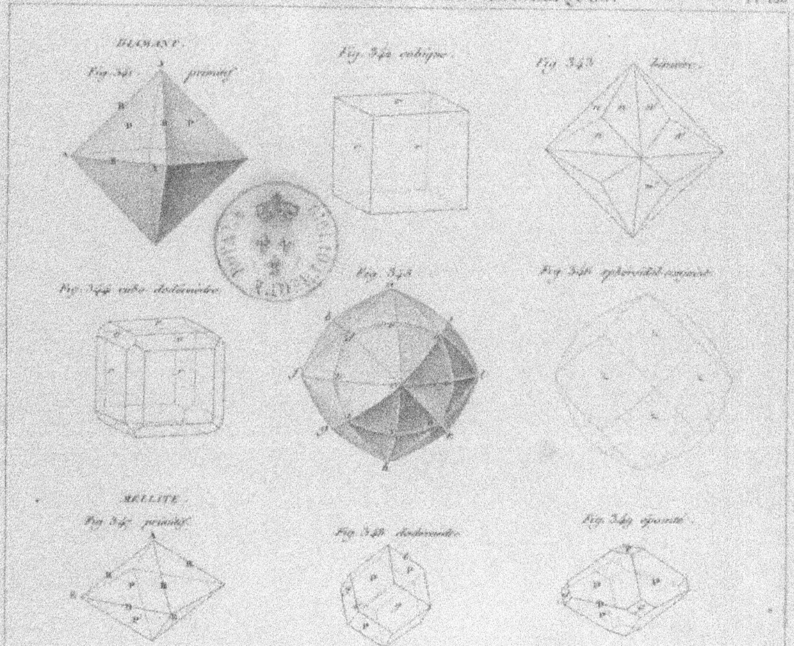

DIAMANT.

Fig. 341 primitif.

Fig. 342 cubique.

Fig. 343 binaire.

Fig. 344 cubo-dodécaèdre.

Fig. 345

Fig. 346 sphéroïdal

MELLITE.

Fig. 347 primitif.

Fig. 348 dodécaèdre.

Fig. 349 épointé.

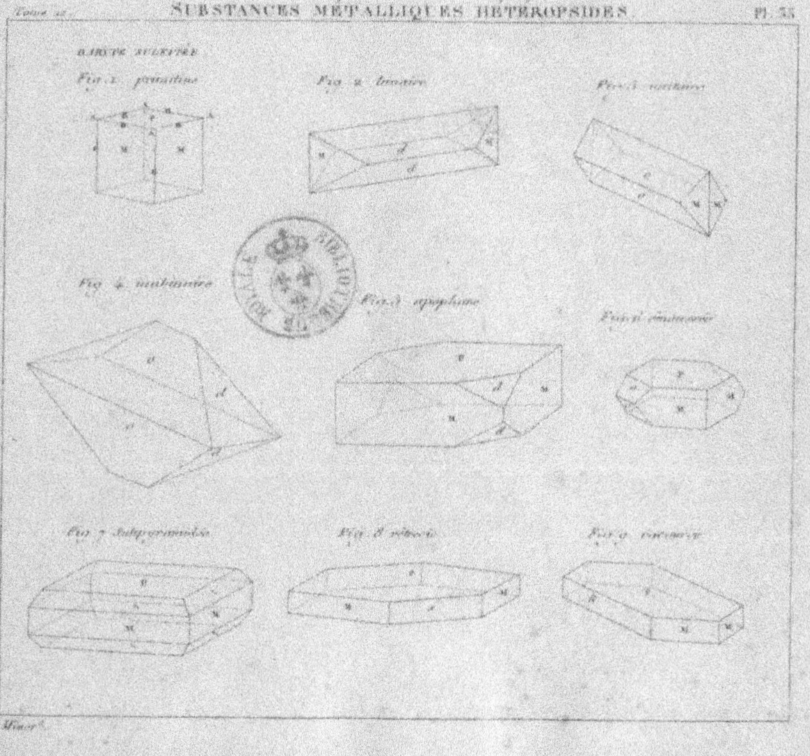
SUBSTANCES MÉTALLIQUES HÉTÉROPSIDES
BARYTE SULFATÉE
Fig. 1. primitive
Fig. 2. binaire
Fig. 4. unibinaire
Fig. 5. apophane
Fig. 7. subpyramidale
Fig. 8. rétrécie
Fig. 9. raccourcie

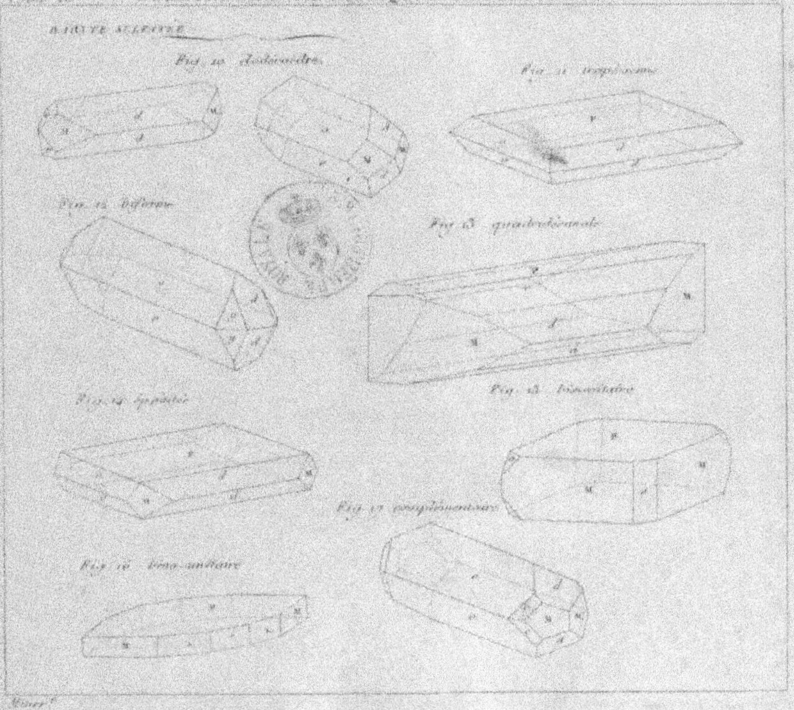

BARYTE SULFATÉE

Fig. 10 dodécaèdre.

Fig. 11 trapézienne.

Fig. 12 biforme.

Fig. 13 quadridécimale.

Fig. 15 bisunitaire.

Fig. 14 épointée.

Fig. 17 complémentaire.

Fig. 16 trino-unitaire.

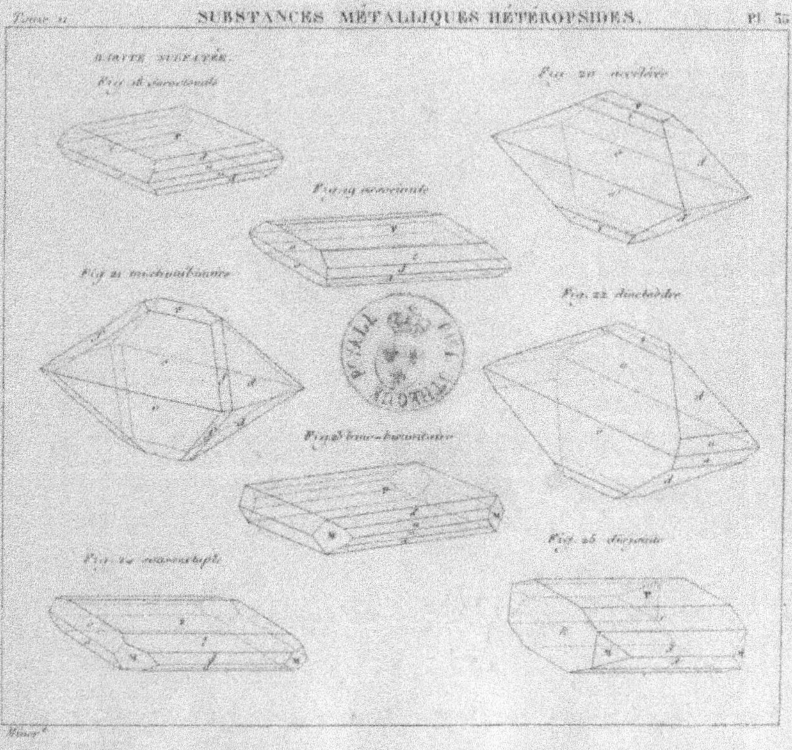
BARYTE SULFATÉE.

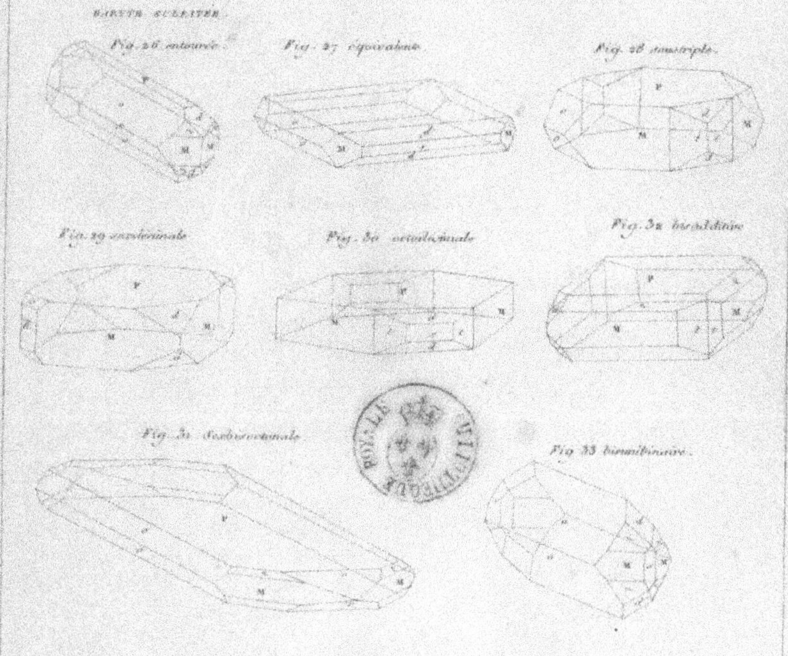

BARYTE SULFATÉE.

Fig. 32 doublante.

Fig. 37 homonome.

Fig. 33 trioctaèdre.

Fig. 38 décemdécimale.

Fig. 39 intermaque.

Fig. 36 anamorphique.

Fig. 40 progressive.

Miner. sc.

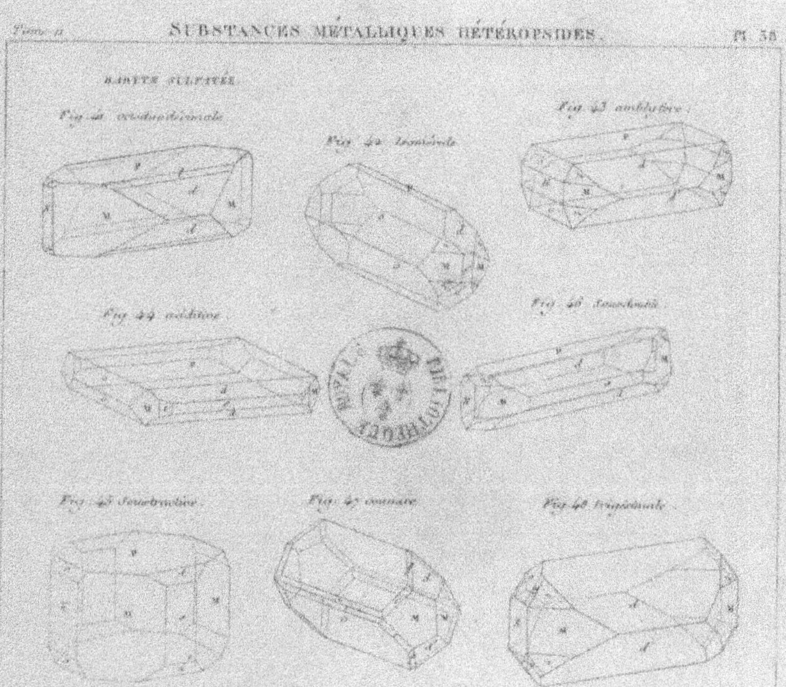
SUBSTANCES MÉTALLIQUES HÉTÉROPSIDES.

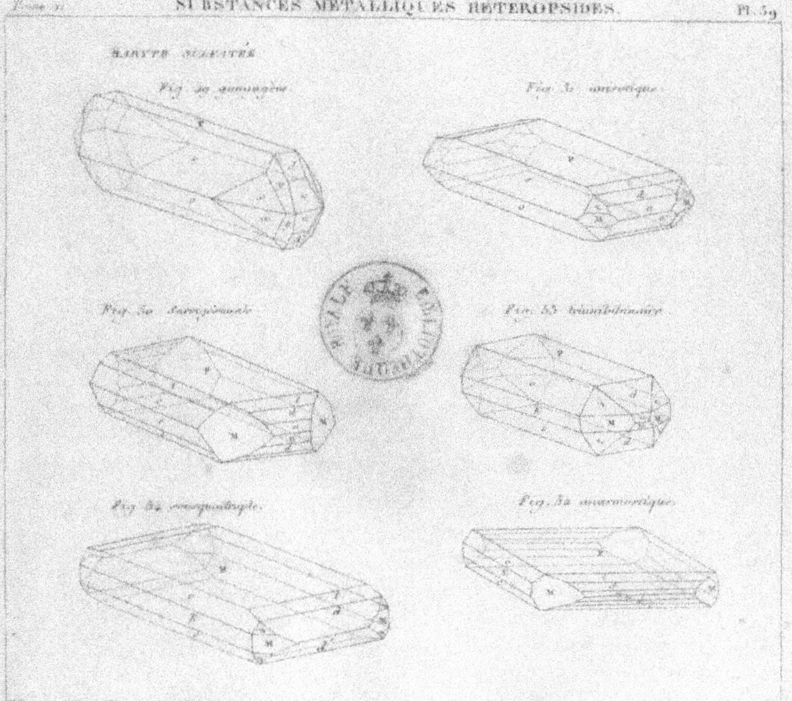

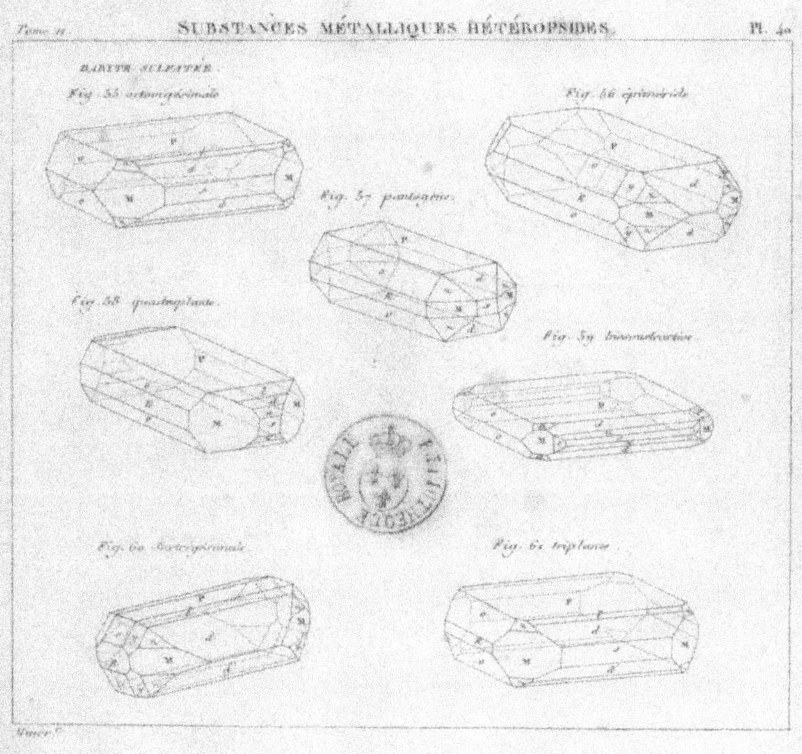
BARYTE SULFATÉE.

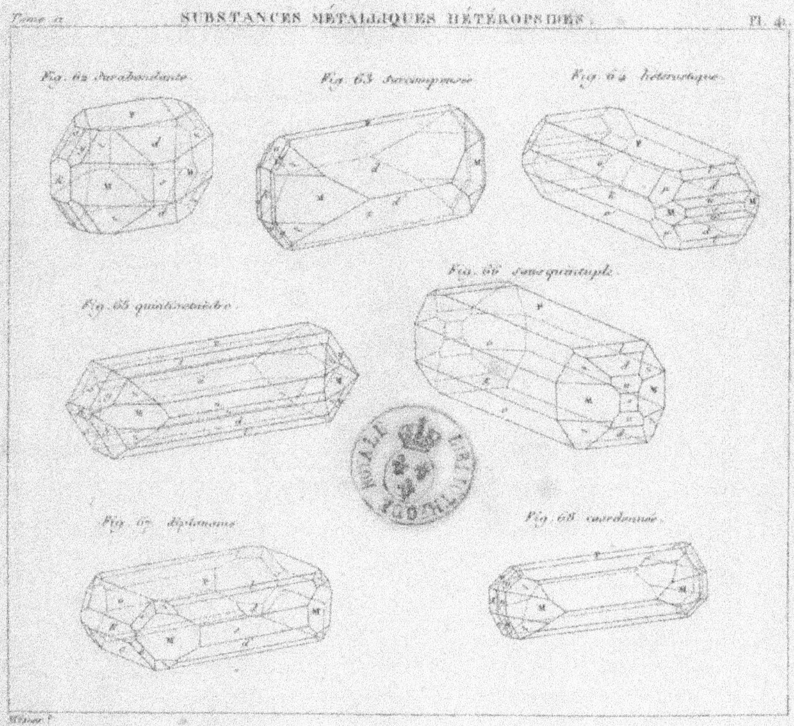
Fig. 62 surabondante
Fig. 63 surcomposée
Fig. 64
Fig. 65
Fig. 66
Fig. 67
Fig. 68

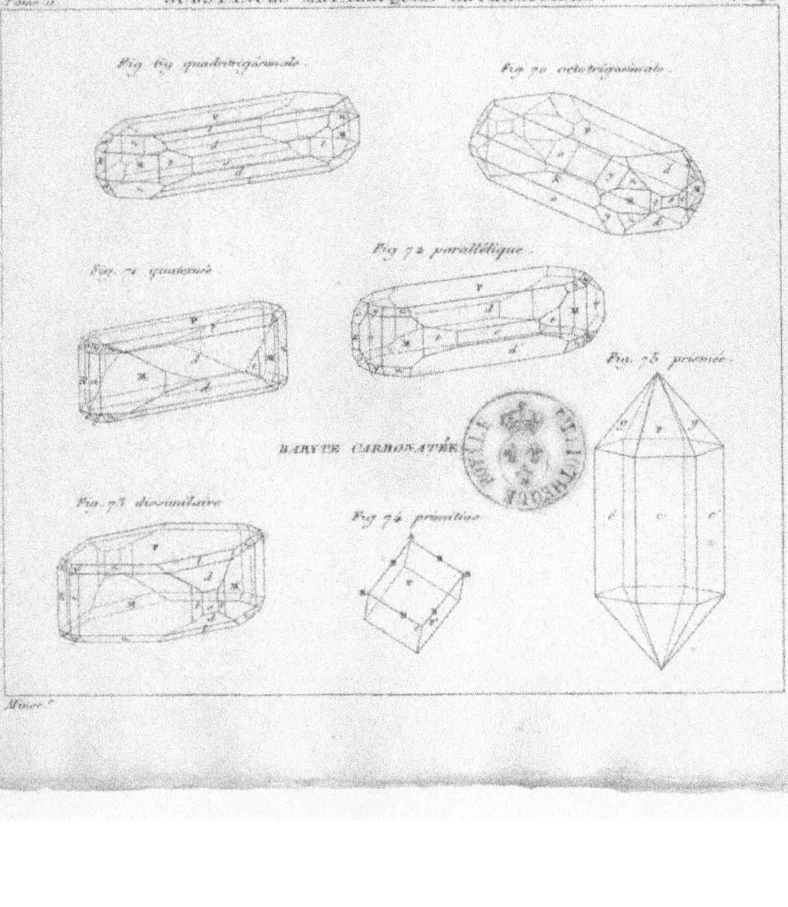

Fig. 69 quadritrigésimale.

Fig. 70 octotrigésimale.

Fig. 71 quaternée.

Fig. 72 parallélique.

Fig. 75 prismée.

BARYTE CARBONATÉE.

Fig. 73 dissimilaire.

Fig. 74 primitive.

Miner. sc.

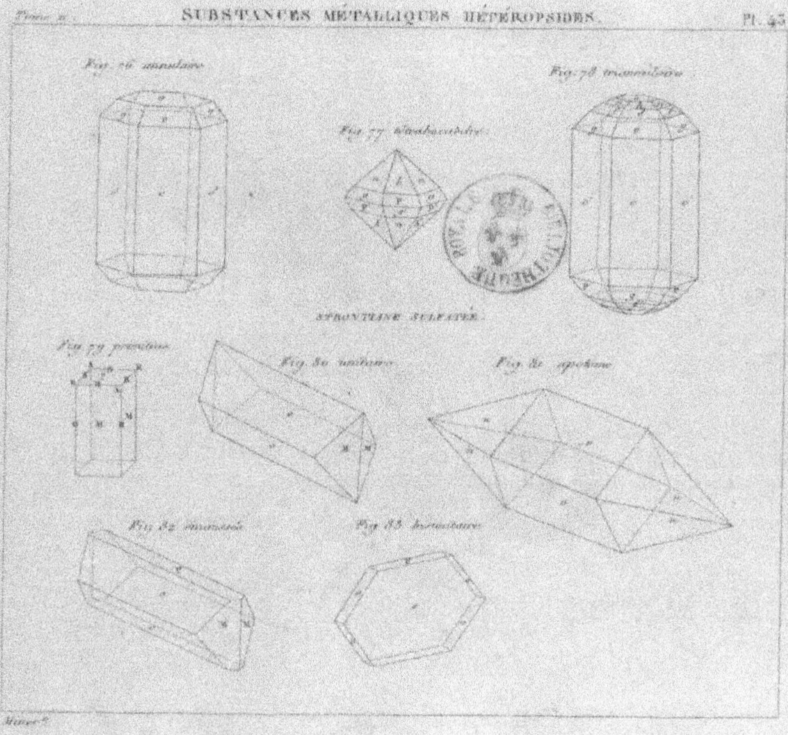
STRONTIANE SULFATÉE.
Fig. 79 primitive
Fig. 80 unitaire
Fig. 81 apotome

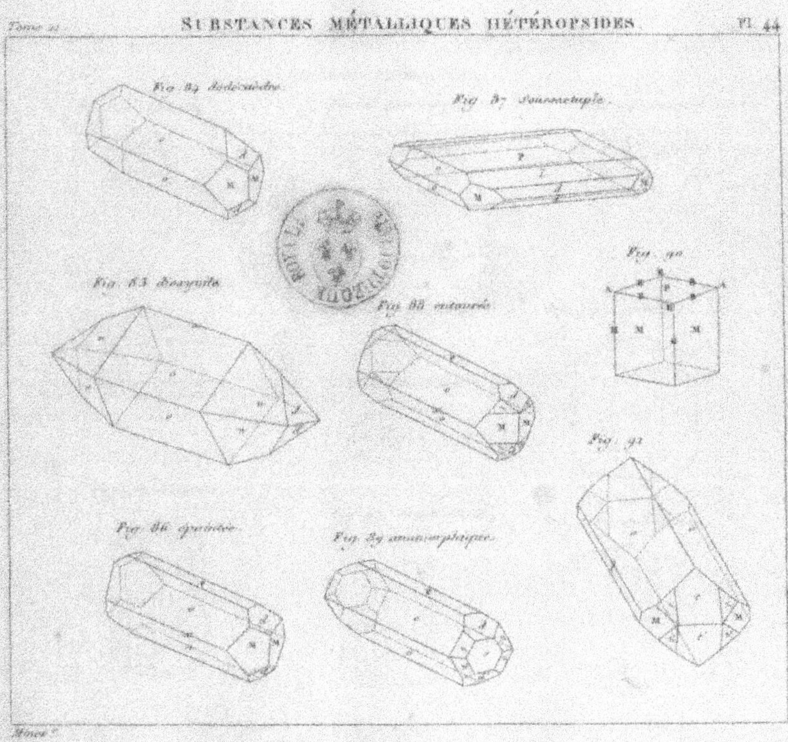
Fig. 84 dodécaèdre.
Fig. 87
Fig. 83
Fig. 88
Fig. 90
Fig. 91
Fig. 86
Fig. 89

STRONTIANE CARBONATÉE.

Fig. 92 primitive.

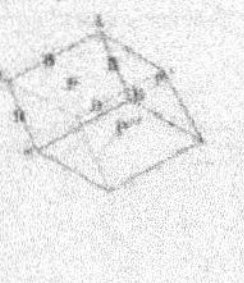

Fig. 93 prismatique.

Fig. 94 annulaire.

Fig. 95 bisannulaire.

MAGNÉSIE SULFATÉE.

Fig. 96 primitive.

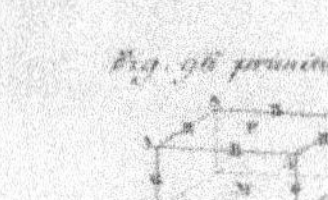

Fig. 97 pyramidée.

Fig. 98 dioctaèdre.

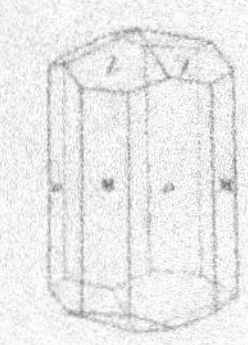

Fig. 99 soustractive.

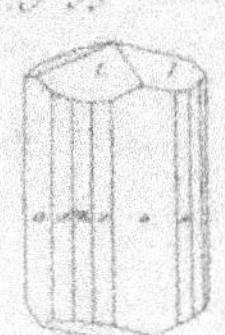

Fig. 100 équivalente.

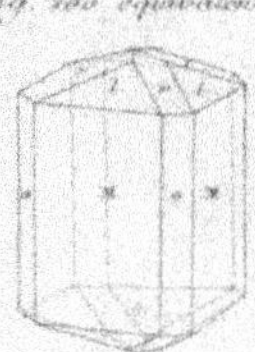

Maier sc.

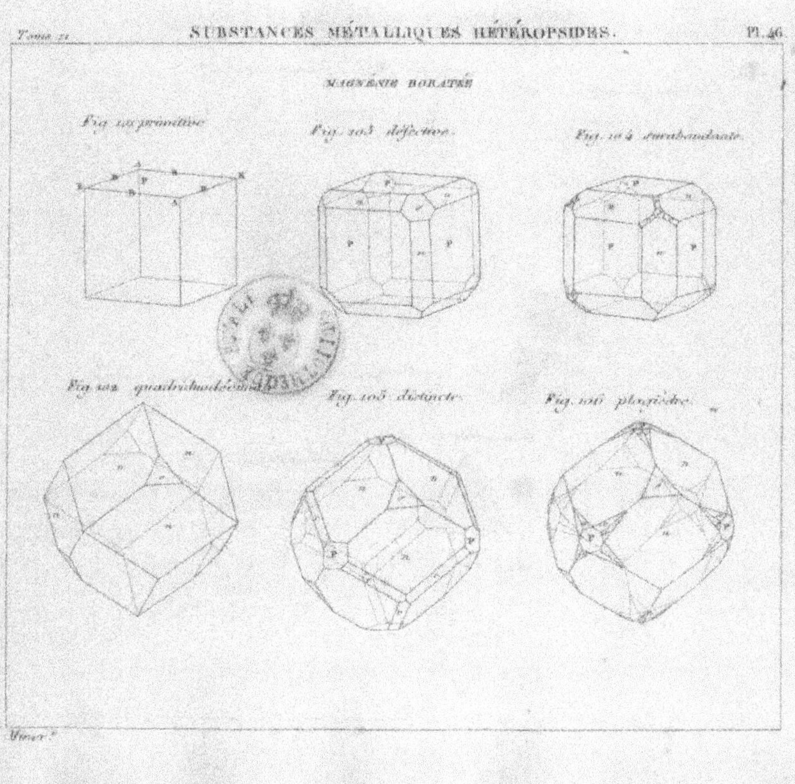
MAGNÉSIE BORATÉE
Fig. 101 primitive
Fig. 103 défective.
Fig. 104 surabondante.
Fig. 102 quadriduodéc
Fig. 105 distincte.
Fig. 106 plagièdre.

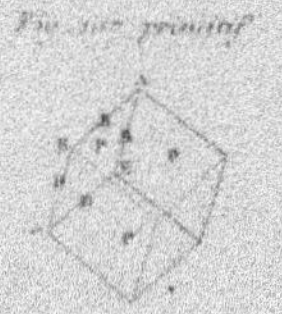

Fig. 107 primitif.

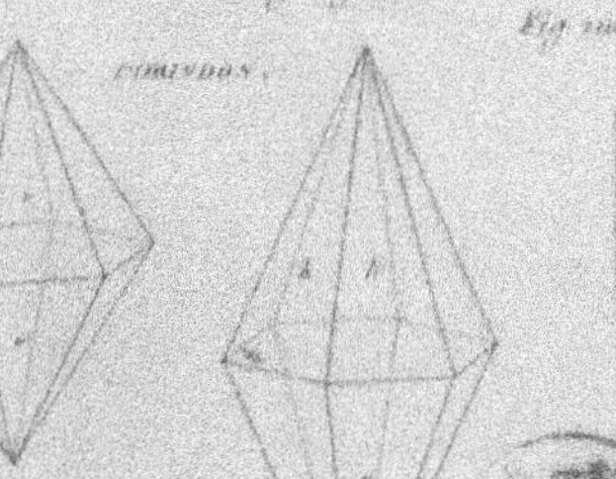

Fig. 108 ternaire.

CORINDON.

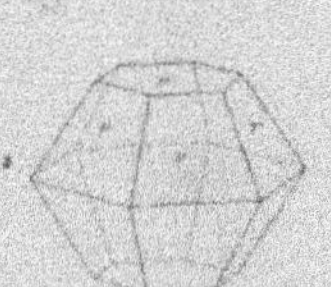

Fig. 112 uniternaire.

Fig. 111 basé.

Fig. 114 dodécaèdre.

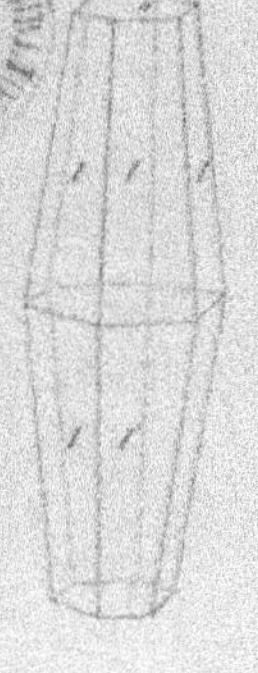

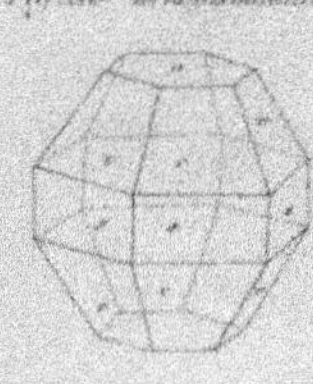

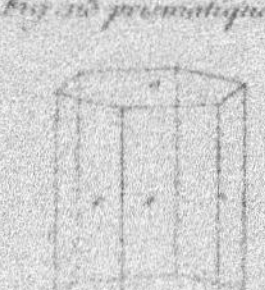

Fig. 11[?] prismatique.

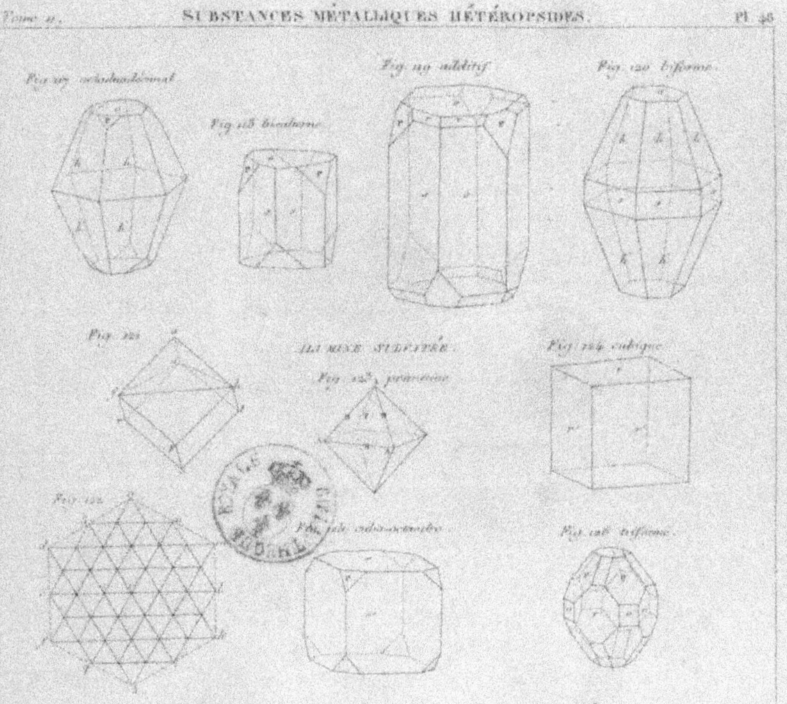
Tome II.
SUBSTANCES MÉTALLIQUES HÉTÉROPSIDES.
Pl.
Fig. 119 additif.
ALUMINE SULFATÉE.
Fig. 124 cubique.

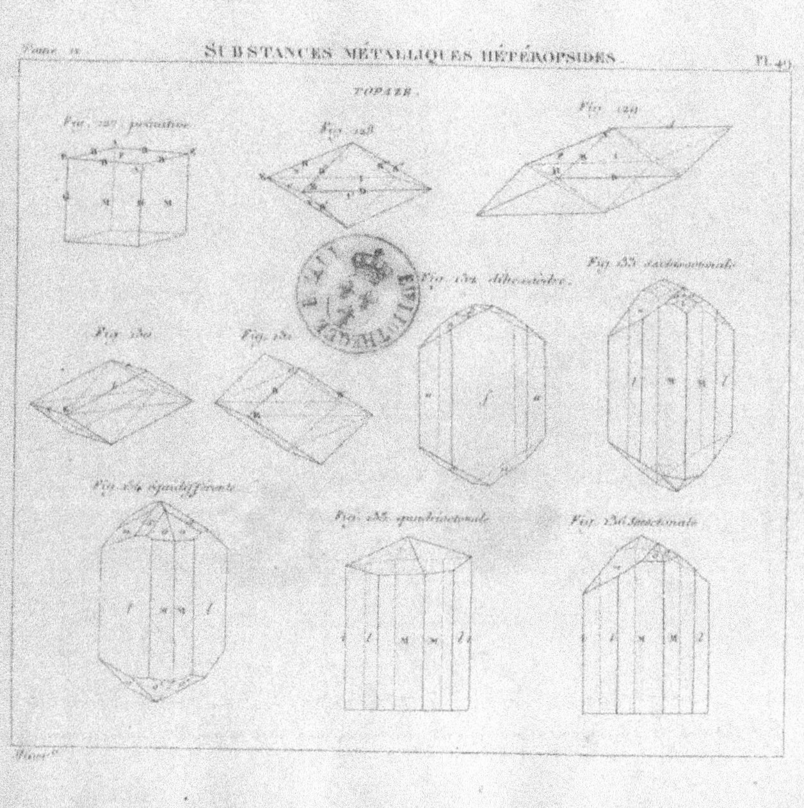
SUBSTANCES MÉTALLIQUES HÉTÉROPSIDES
Pl. 49
TOPAZE.
Fig. 127 primitive
Fig. 128
Fig. 129
Fig. 130
Fig. 131
Fig. 132 dihexaèdre.
Fig. 133
Fig. 134
Fig. 135
Fig. 136

Fig. 146 quindécioctonale.

Fig. 147 Sexdécioctonale.

Fig. 148 décidodécimale.

Fig. 149 déciquindécimale. Fig. 150 nonavigésimale.

SPINELLE.

Fig. 151 primitif.

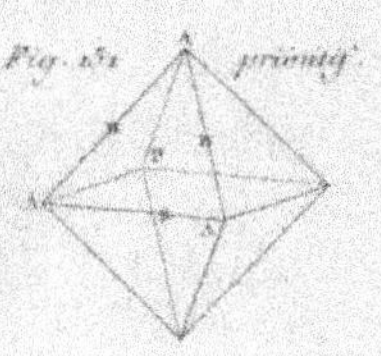

Fig. 152.

Fig. 153.

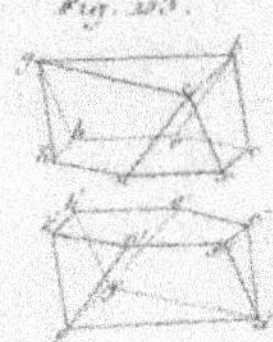

Fig. 154 transposé.

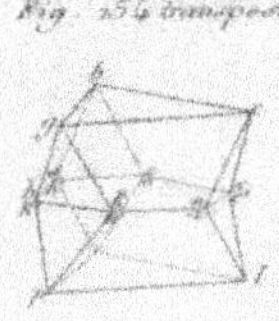

Fig. 155.

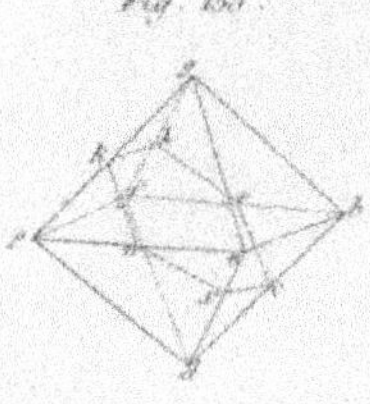

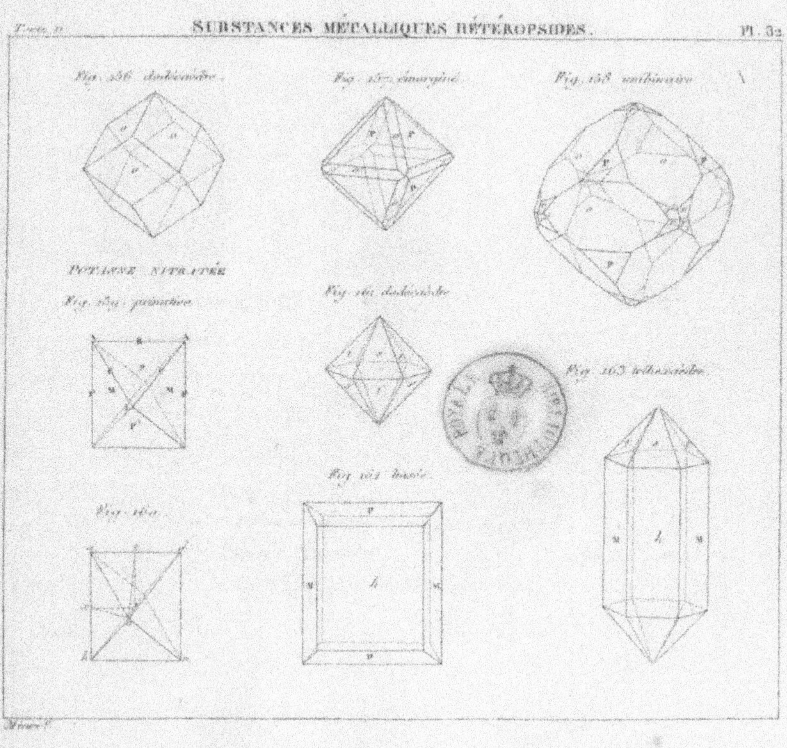
SUBSTANCES MÉTALLIQUES HÉTÉROPSIDES.
Pl. 32
Fig. 156 dodécaèdre.
Fig. 157 émarginé.
POTASSE NITRATÉE
Fig. 159 primitive.
Fig. 160.

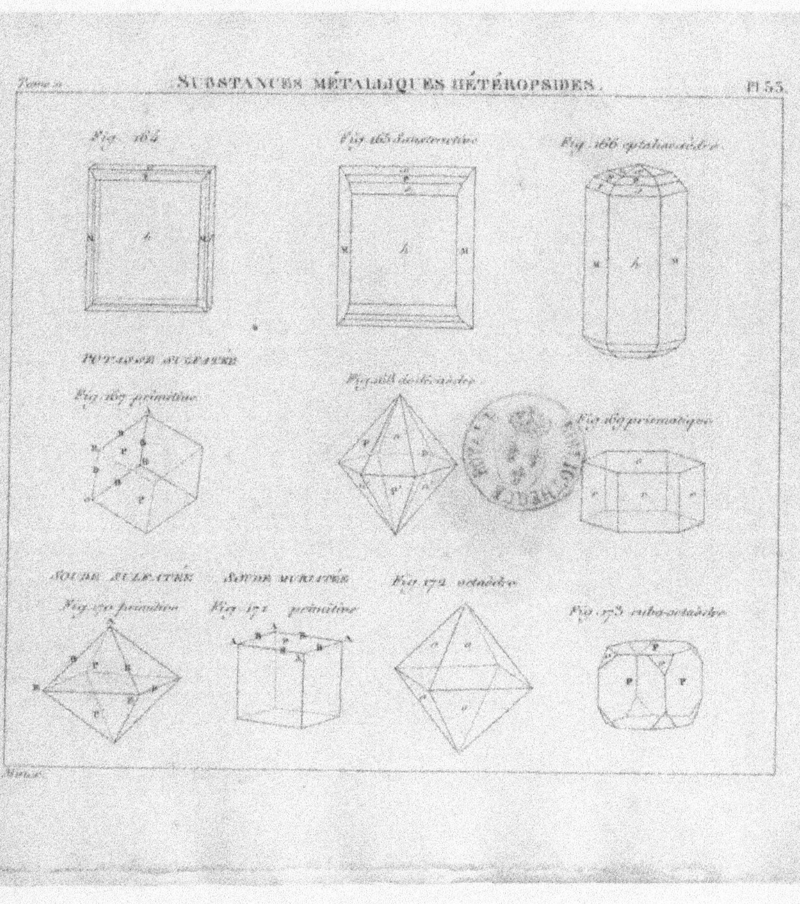
SUBSTANCES MÉTALLIQUES HÉTÉROPSIDES.
Pl. 55.
Fig. 164
POTASSE SULFATÉE
Fig. 167 primitive
Fig. 168 dodécaèdre
Fig. 169 prismatique
SOUDE SULFATÉE
SOUDE MURIATÉE
Fig. 170 primitive
Fig. 171 primitive
Fig. 172 octaèdre
Fig. 173 cubo-octaèdre

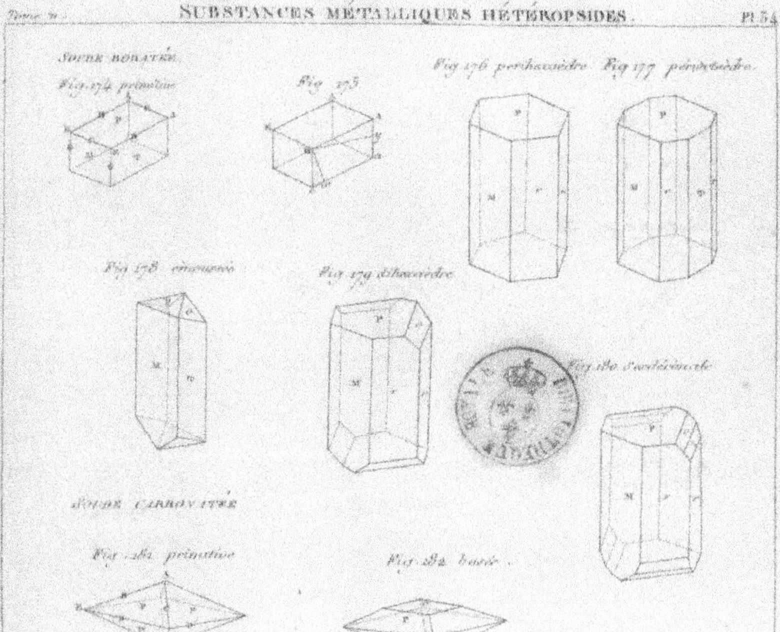

SOUDE BORATÉE.

Fig. 174 primitive

Fig. 175

Fig. 176 périhexaèdre

Fig. 177 périoctaèdre.

Fig. 178 émoussée

Fig. 179 dihexaèdre

Fig. 180 surdécimale

SOUDE CARBONATÉE

Fig. 181 primitive

Fig. 182 basée.

GLAUBERITE.

Fig. 183 primitif.

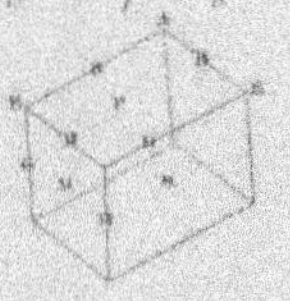

Fig. 184.

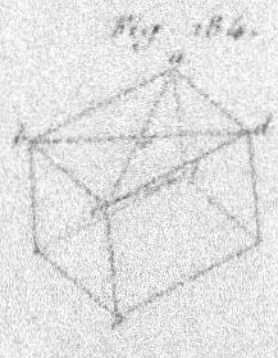

Fig. 185 mixte.

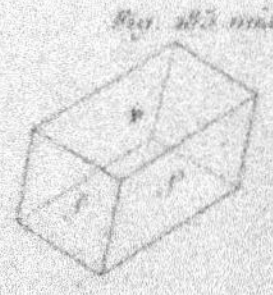

Fig. 186 quadrihexagonal.

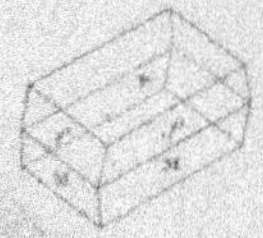

AMMONIAQUE MURIATÉE

Fig. 187.

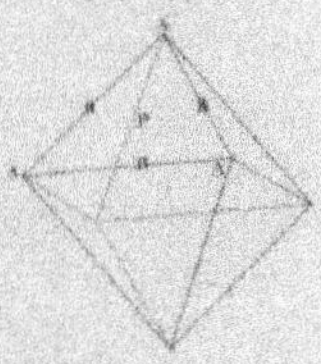

Fig. 188.

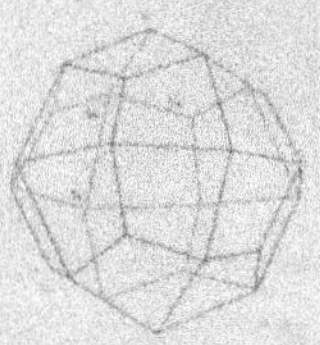

Fig. 3 prismé.

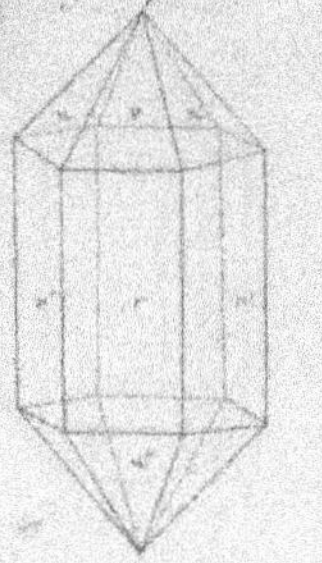

QUARZ.

Fig. 1 primitif.

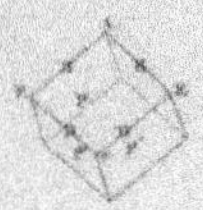

Fig. 2 dodécaèdre.

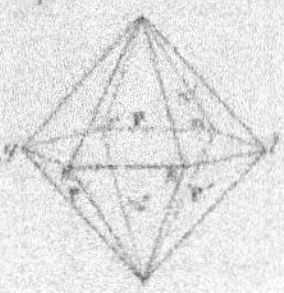

Huet.

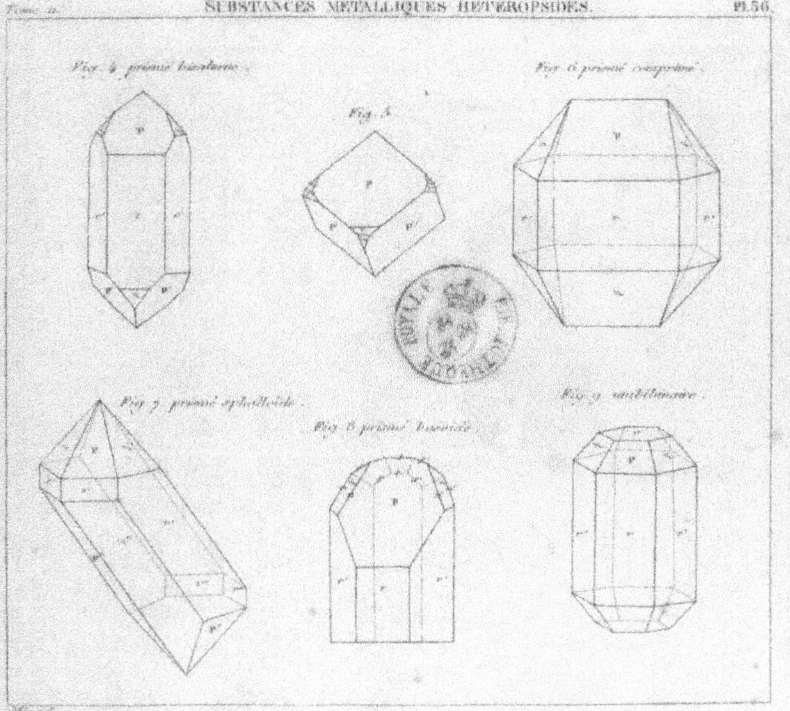
Fig. 4 prismé bisalterne.
Fig. 5
Fig. 6 prismé comprimé.
Fig. 7 prismé sphalloïde.
Fig. 8 prismé
Fig. 9 unibinaire.

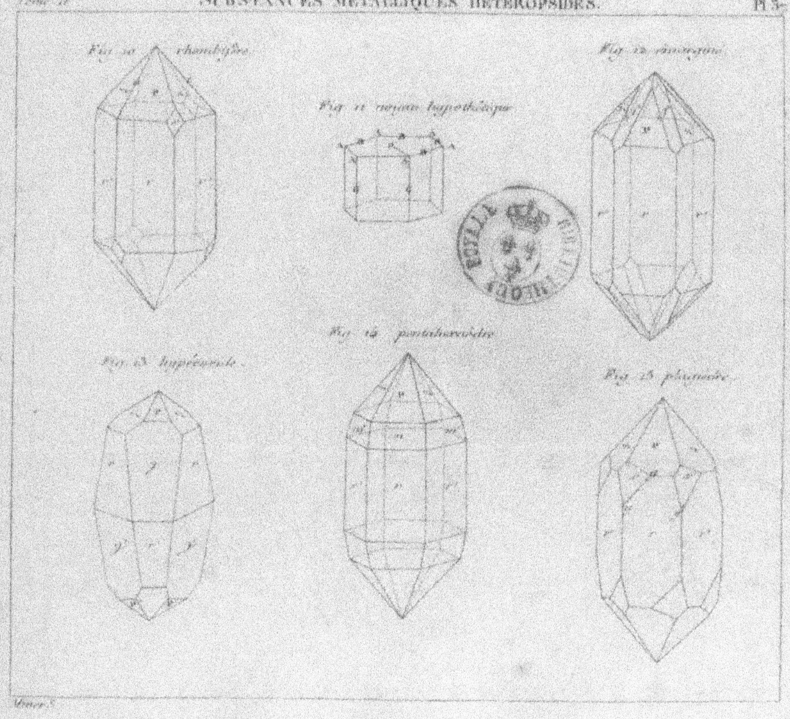
Fig. 10 rhombifère.
Fig. 11 noyau hypothétique.
Fig. 14 pentahexaèdre.
Fig. 15 plagièdre.

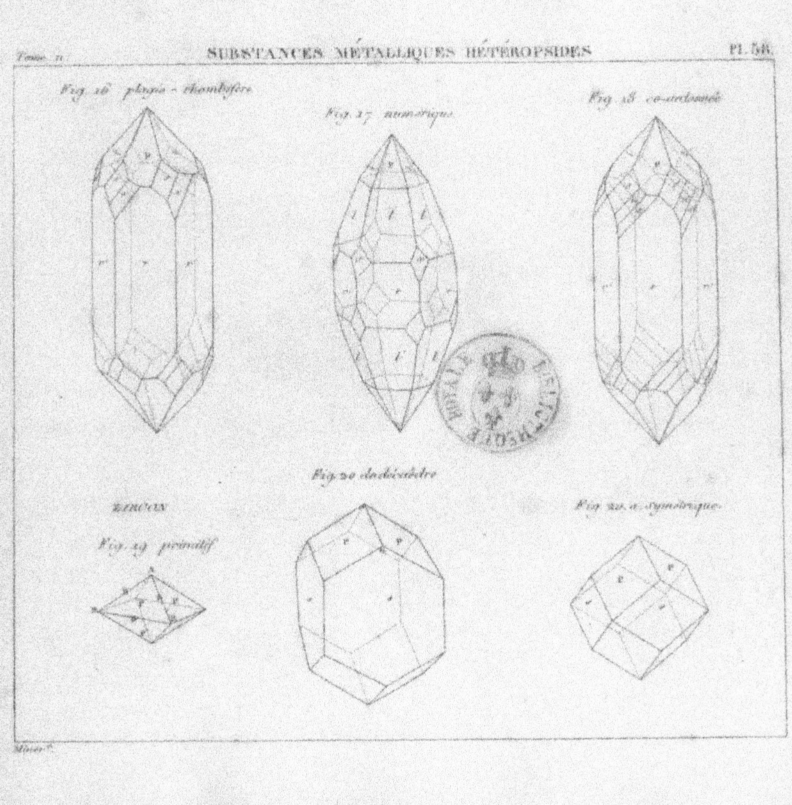
Fig. 20 dodécaèdre
ZIRCON
Fig. 19 primitif
Fig. 20. a. symétrique

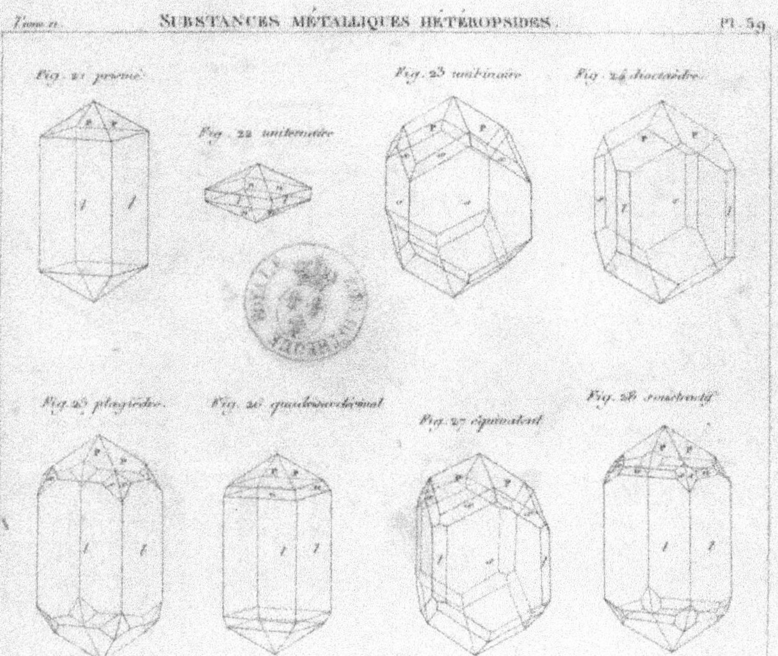
Fig. 21 prismé
Fig. 22 uniternaire
Fig. 23 unibinaire
Fig. 24 dioctaèdre
Fig. 25 plagièdre
Fig. 26 quadrisexdécimal
Fig. 27 équivalent
Fig. 28 soustractif

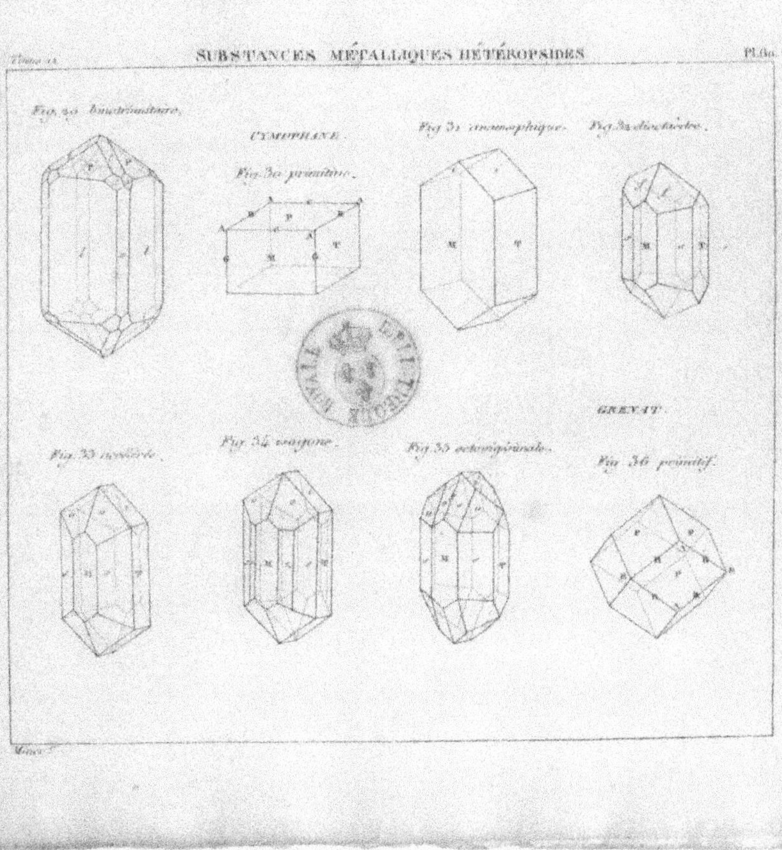
SUBSTANCES MÉTALLIQUES HÉTÉROPSIDES
Pl. 80.
CYMOPHANE.
Fig. 30 primitive.
Fig. 31 anamorphique.
Fig. 32 dioctaèdre.
GRENAT.
Fig. 36 primitif.

Fig. 37.

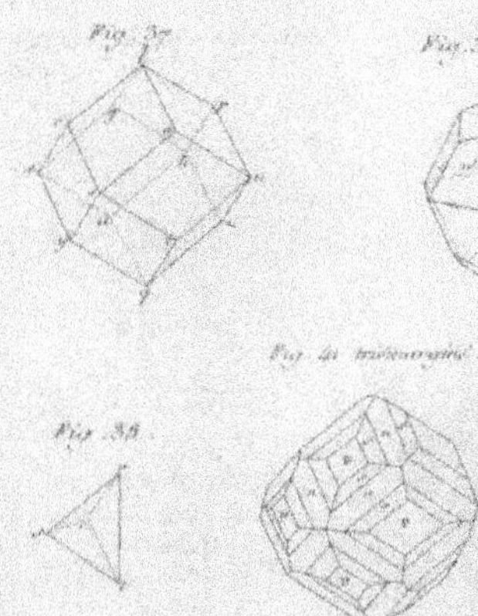

Fig. 39 trapézoïdal.

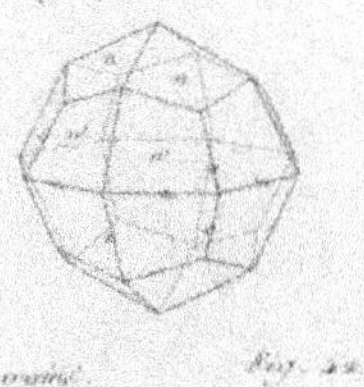

Fig. 40 émarginé.

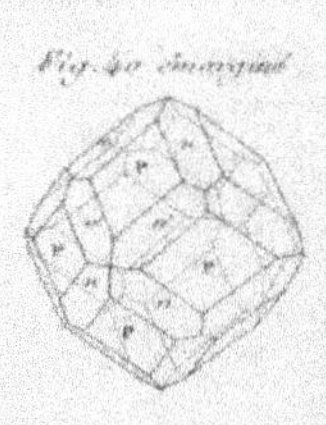

Fig. 38.

Fig. 41 triémarginé.

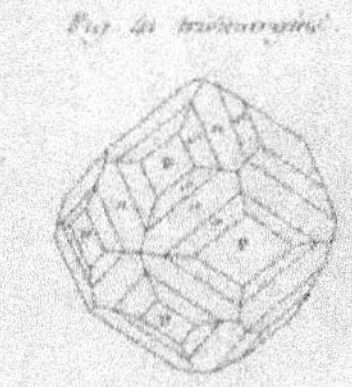

Fig. 42 unitenaire.

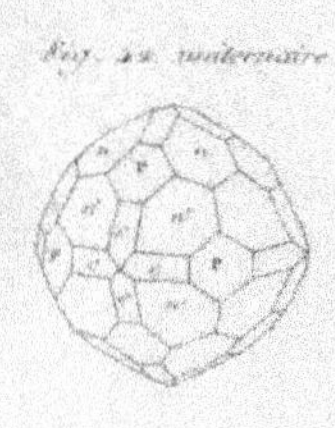

Fig. 43.

STAUROTIDE

Fig. 44 primitive.

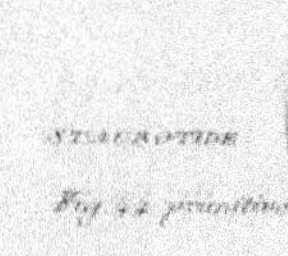

Fig. 45 périhexaèdre.

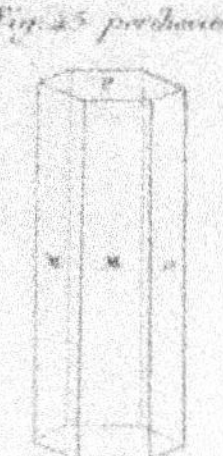

Fig. 46 unibinaire.

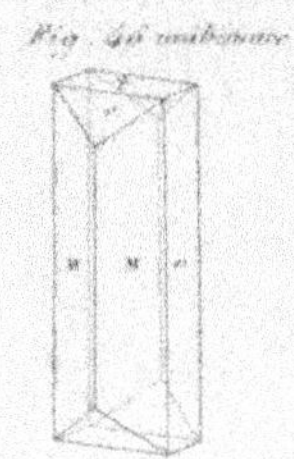

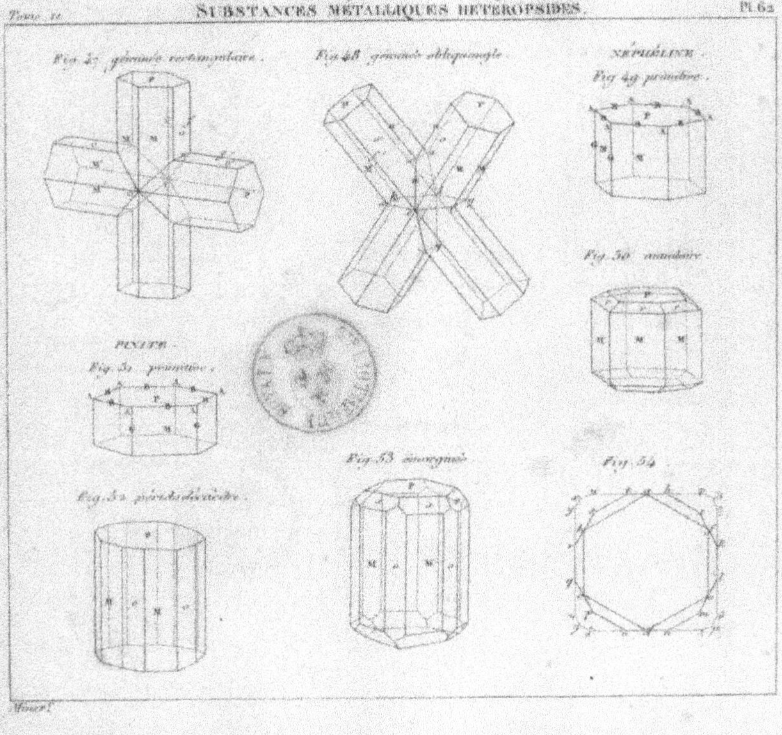
Fig. 47 géminée rectangulaire.
Fig. 48 géminée obliquangle.
NÉPHÉLINE.
Fig. 49 primitive.
Fig. 50 annulaire.
PINITE.
Fig. 51 primitive.
Fig. 52 péridodécaèdre.
Fig. 53 émarginée.
Fig. 54

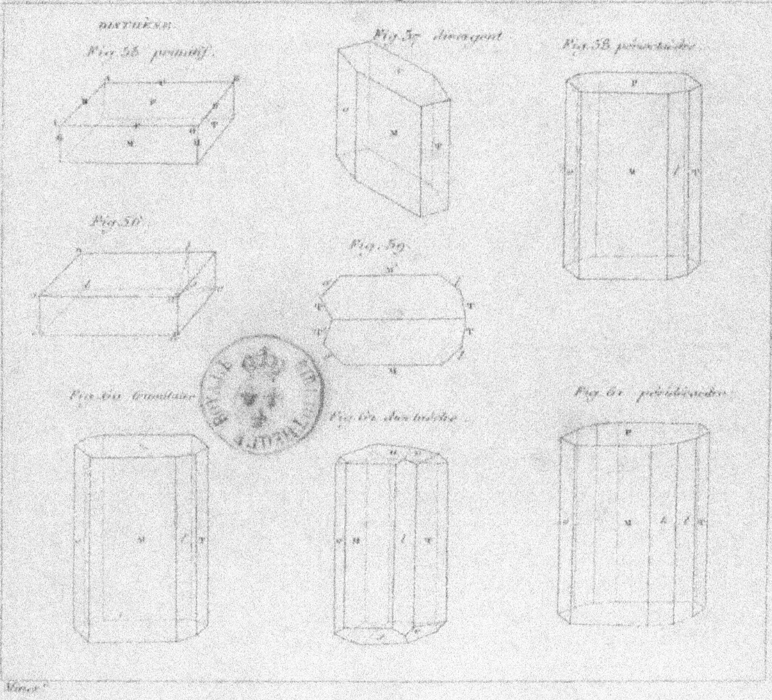

DISTHÈNE.

Fig. 55 primitif.

Fig. 56.

Fig. 57 divergent.

Fig. 58 péroctaèdre.

Fig. 59.

Fig. 60 triunitaire.

Fig. 61 périhexaèdre.

Fig. 62 dioctaèdre.

Maser sc.

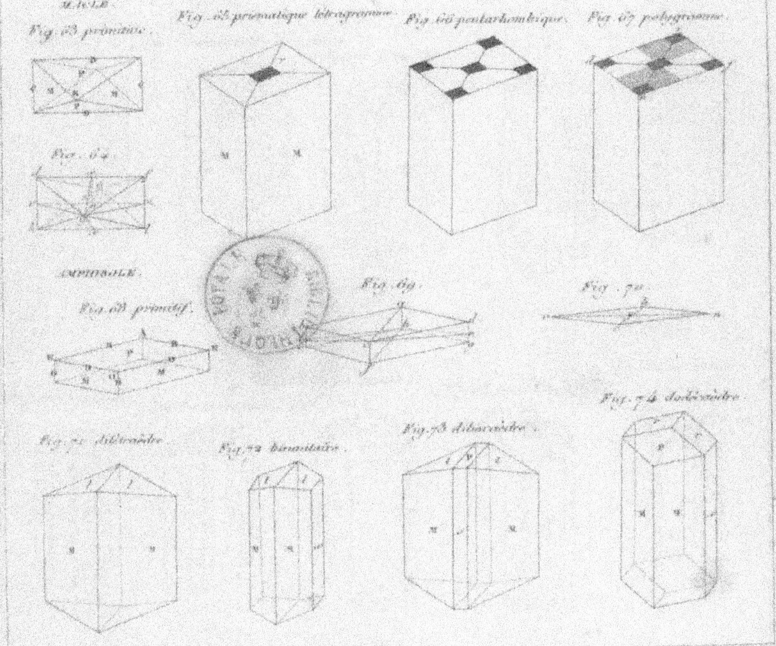
MACLE.
Fig. 63 primitive.
Fig. 64.
Fig. 65 prismatique tétragramme.
Fig. 66 pentarhombique.
Fig. 67 polygramme.
AMPHIBOLE.
Fig. 68 primitif.
Fig. 69.
Fig. 70.
Fig. 71
Fig. 72
Fig. 73
Fig. 74 dodécaèdre.

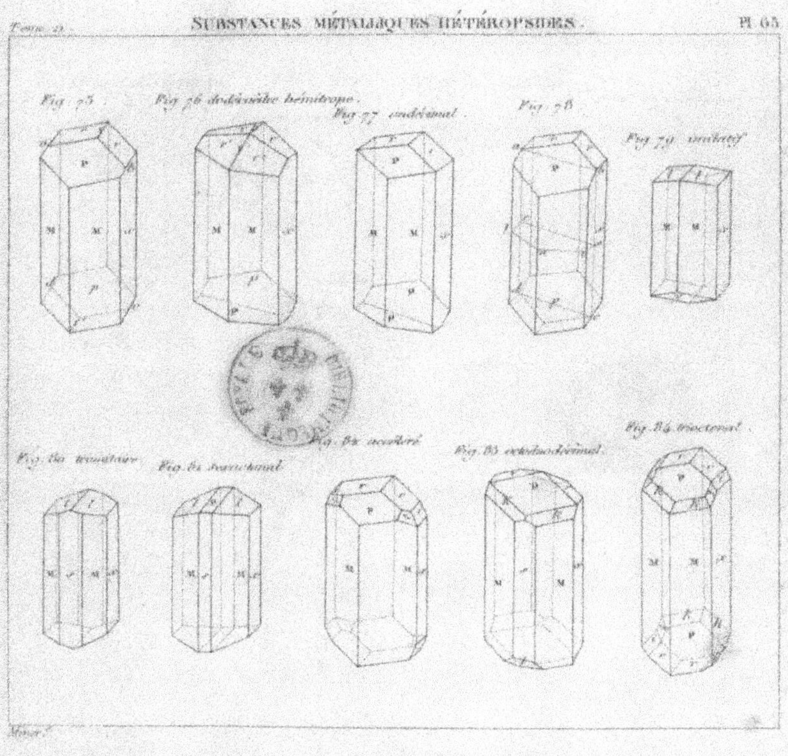
Fig. 75.
Fig. 76 dodécaèdre hémitrope.
Fig. 77 undécimal.
Fig. 78.
Fig. 82 accéléré
Fig. 83 octoduodécimal.

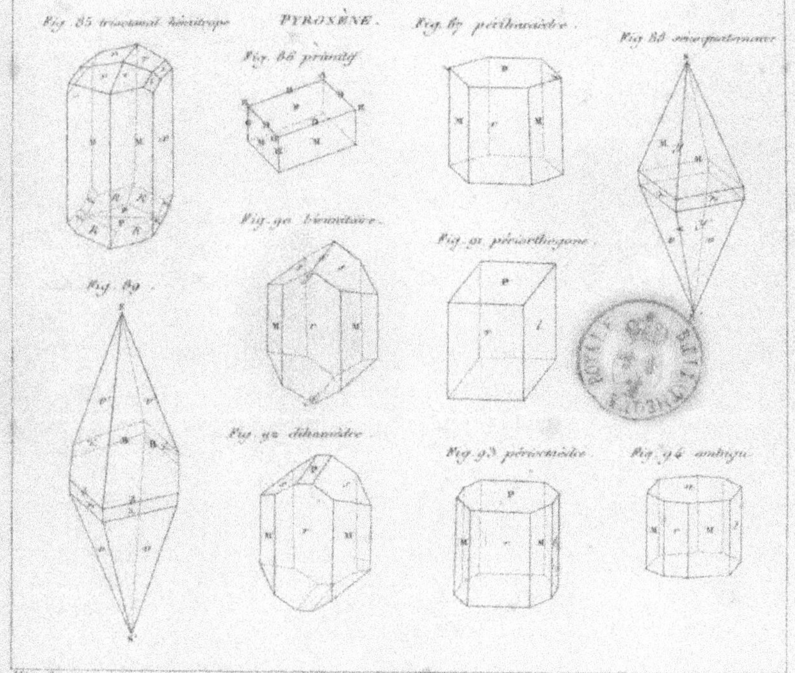
PYROXÈNE.
Fig. 86 primitif
Fig. 89.
Fig. 90 binunitaire.
Fig. 91 périorthogone.
Fig. 93 périoctaèdre
Fig. 94 ambigu

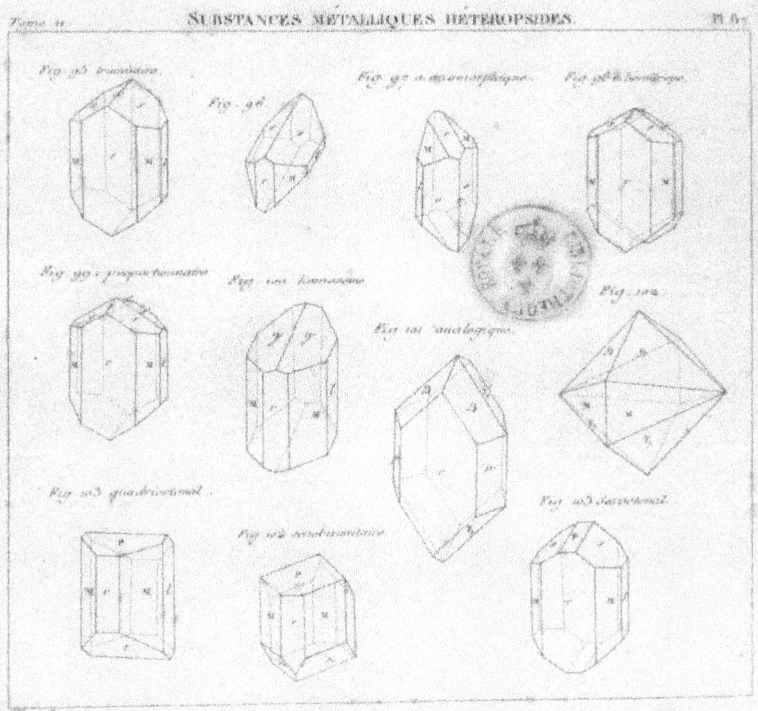
SUBSTANCES MÉTALLIQUES HÉTÉROPSIDES.
Fig. 96.
Fig. 101 analogique.
Fig. 102.

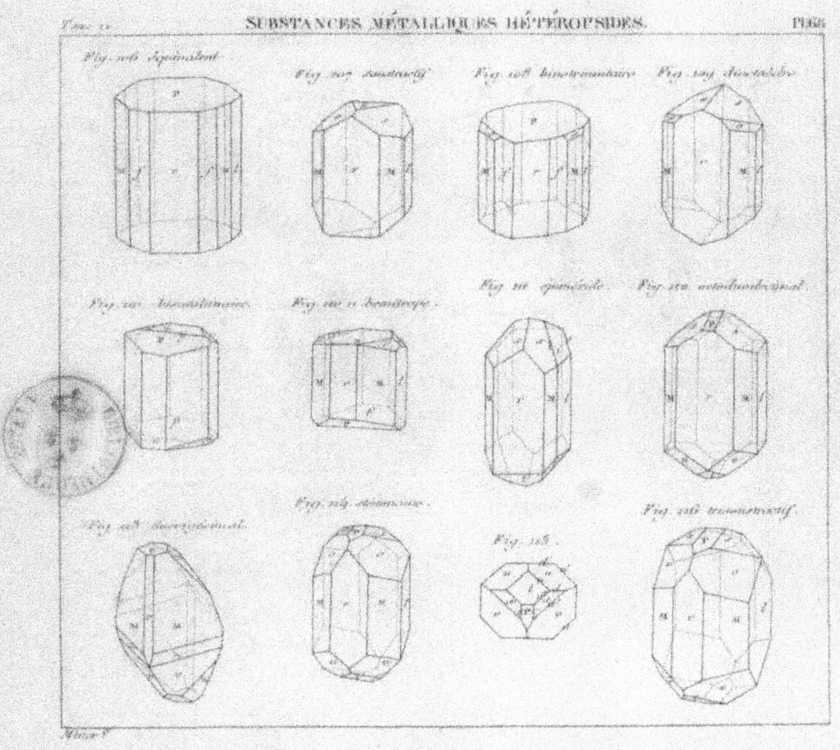

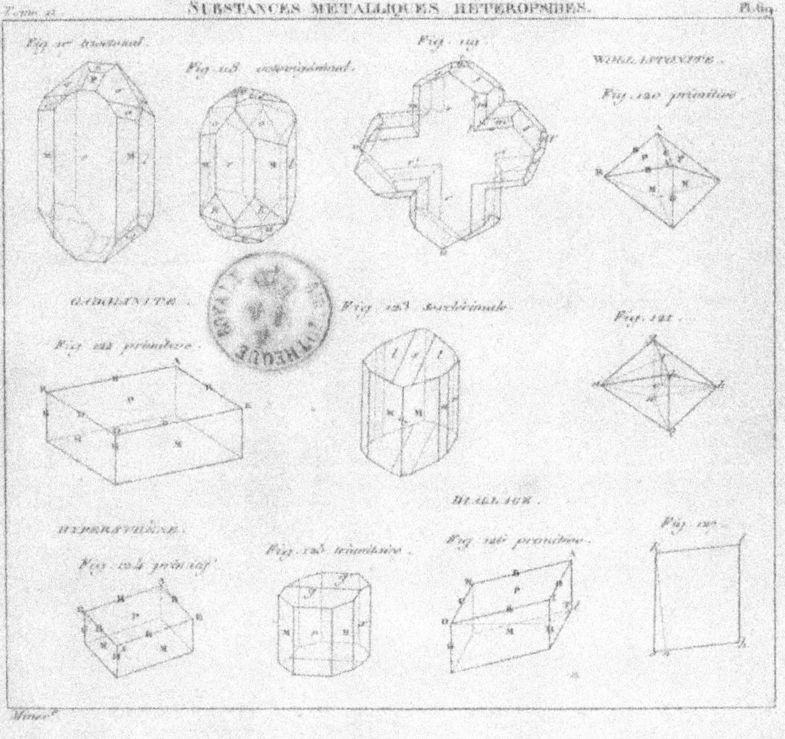
WOLLASTONITE.
Fig. 120 primitive.
Fig. 121.
GADOLINITE.
Fig. 122 primitive.
Fig. 123
DIALLAGE.
HYPERSTHÈNE.
Fig. 124 primitif.
Fig. 125
Fig. 126 primitive.

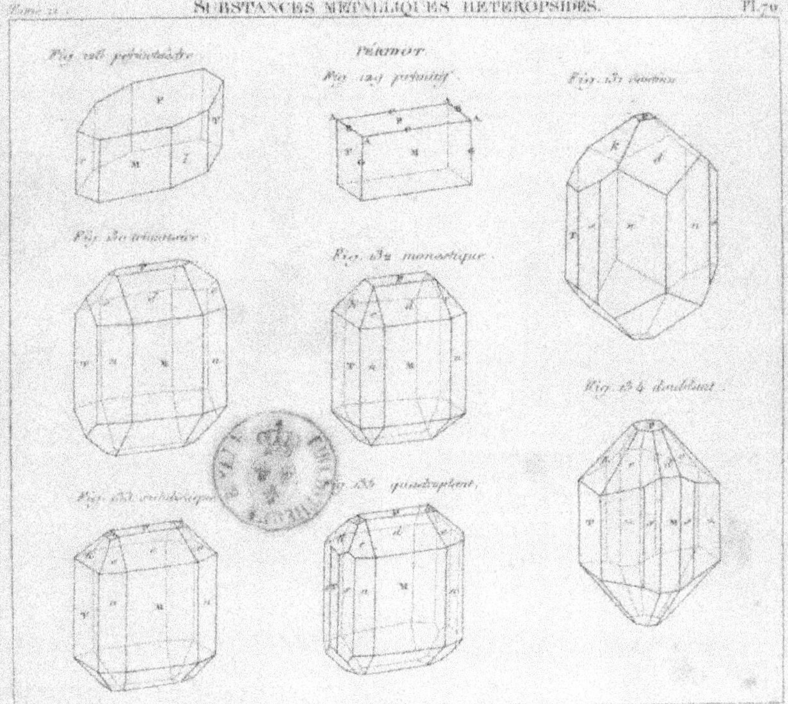
PÉRIDOT.
Fig. 132 monostique.
Fig. 134 doublant.
Fig. 135 quadruplant.

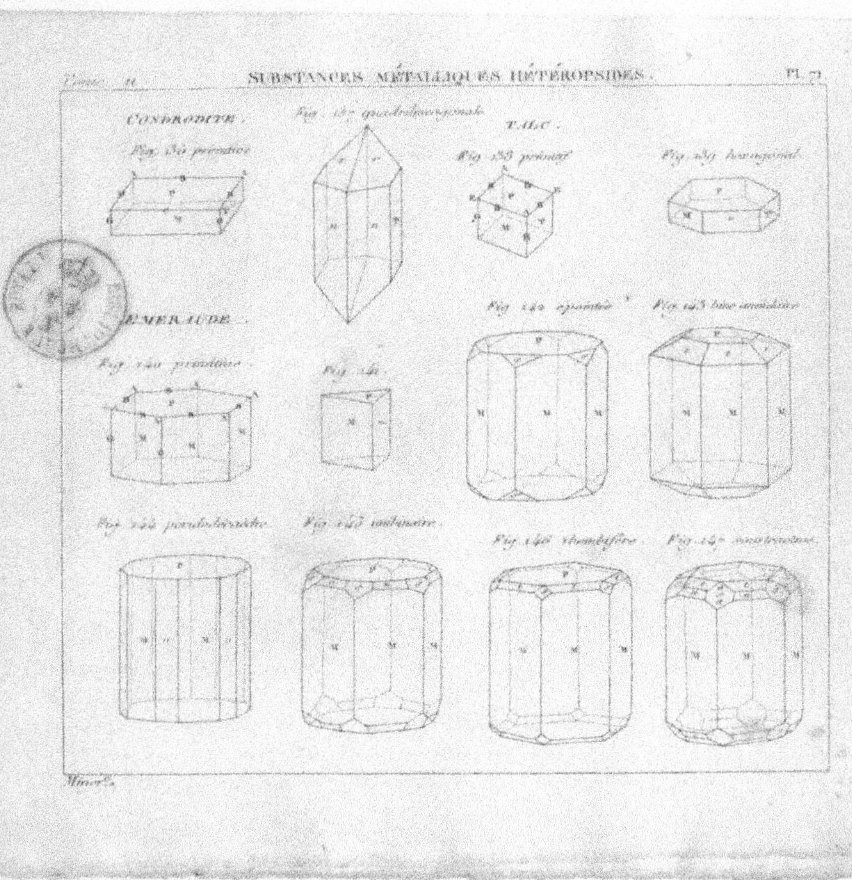
SUBSTANCES MÉTALLIQUES HÉTÉROPSIDES.
CONDRODITE.
TALC.
EMERAUDE.

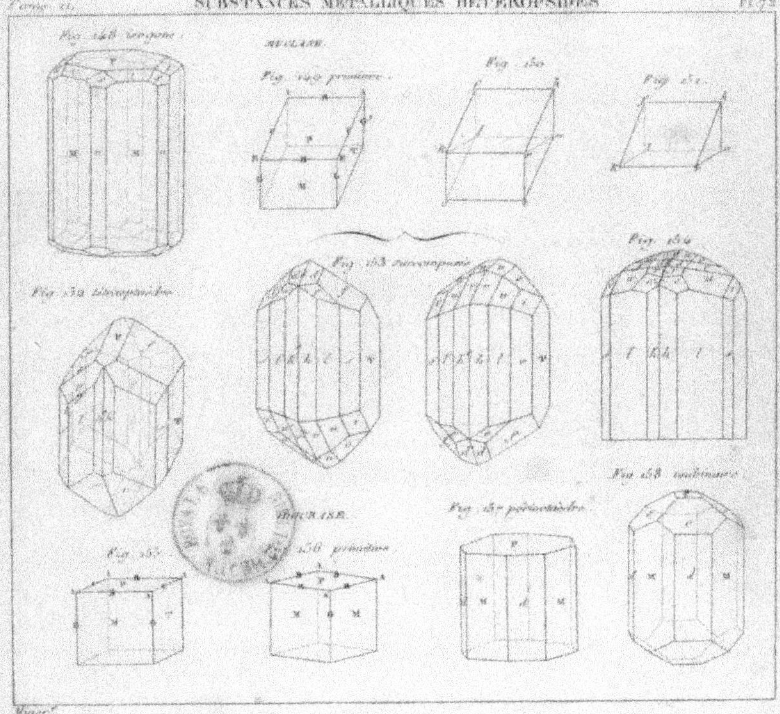

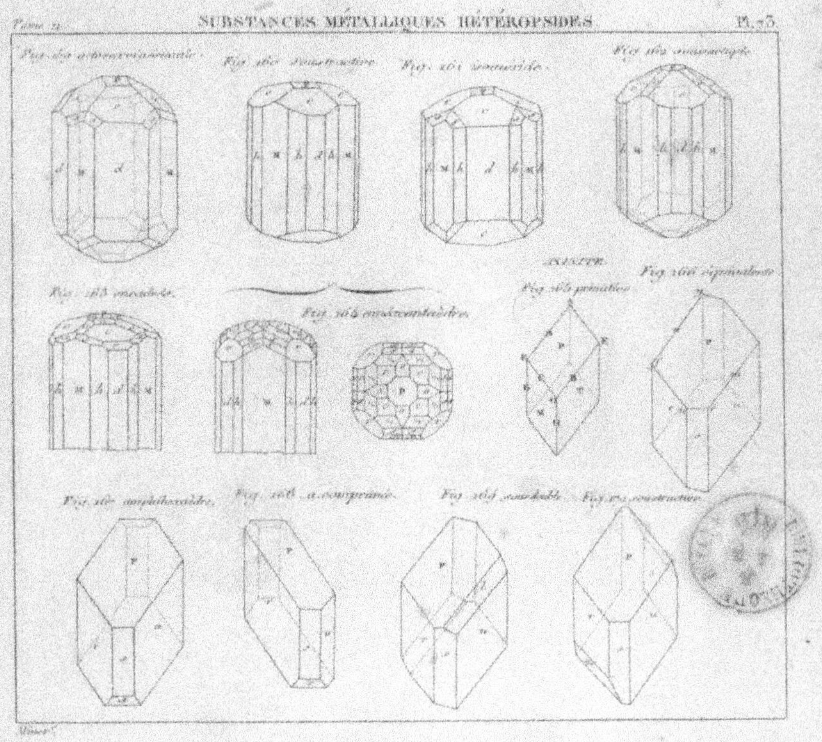

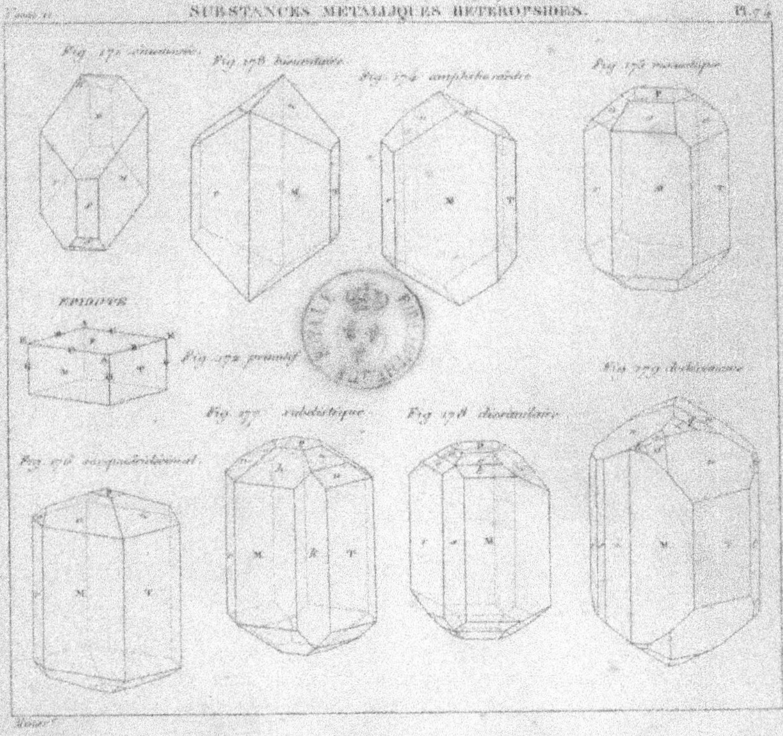
EPIDOTE
Fig. 172 primitif

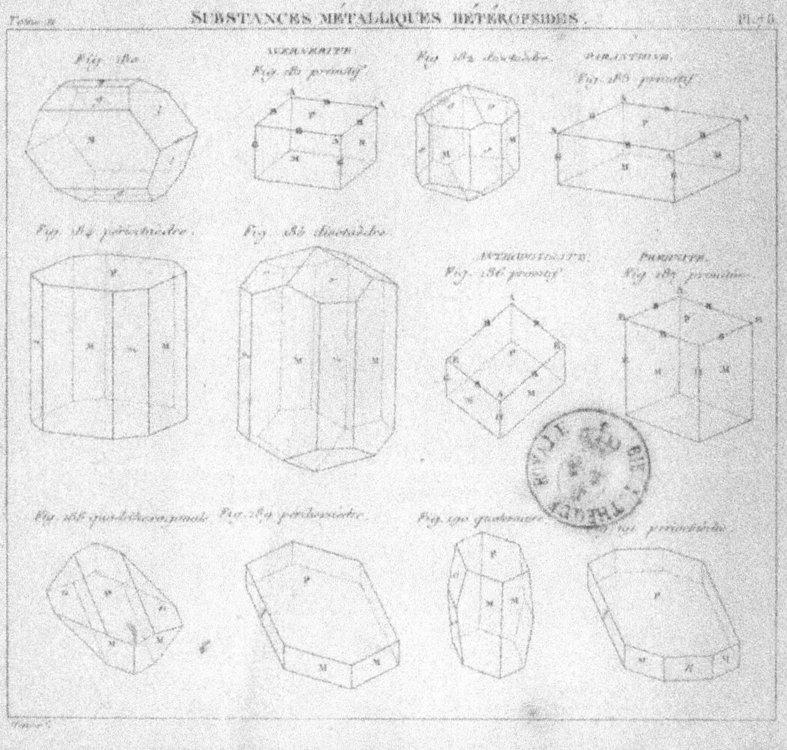
SUBSTANCES MÉTALLIQUES HÉTÉROPSIDES.
Fig. 184 périoctaèdre.
Fig. 185 dioctaèdre.
Fig. 186 primitif.

www.ingramcontent.com/pod-product-compliance
Ingram Content Group UK Ltd.
Pitfield, Milton Keynes, MK11 3LW, UK
UKHW022106260726
13993UKWH00001B/335